不讨好别人，不将就自己

西风南浦———— 著

天津出版传媒集团

天津人民出版社

图书在版编目（CIP）数据

不讨好别人，不将就自己 / 西风南浦著 . -- 天津：
天津人民出版社 , 2018.8（2019.4 重印）
ISBN 978-7-201-13865-7

Ⅰ . ①不… Ⅱ . ①西… Ⅲ . ①人生哲学—通俗读物
Ⅳ . ① B821-49

中国版本图书馆 CIP 数据核字（2018）第 161788 号

不讨好别人，不将就自己

BUTAOHAOBIEREN BUJIANGJIUZIJI

出　　版	天津人民出版社	
出 版 人	刘　庆	
地　　址	天津市和平区西康路 35 号康岳大厦	
邮政编码	300051	
邮购电话	（022）23332469	
网　　址	http://www.tjrmcbs.com	
电子邮箱	tjrmcbs@126.com	

责任编辑　赵　艺
装帧设计　仙境工作室

制版印刷　三河市华润印刷有限公司
经　　销　新华书店
开　　本　880 毫米 ×1230 毫米　1/32
印　　张　9.5
字　　数　220 千字
版次印次　2018 年 8 月第 1 版　2019 年 4 月第 2 次印刷
定　　价　39.80 元

CONTENTS 目录

第一章　不要把世界让给你鄙视的人

不要把世界让给你鄙视的人 / 002

穷或者牛，都是自己的选择 / 009

所谓成长，就是要有为梦想买单的资本 / 017

努力才是青春最应该有的样子 / 024

你的能力要配得上你的骄傲 / 032

坚持很难，但别无选择 / 038

真正的救世主从来都是自己 / 042

努力有方向，青春不迷茫 / 048

那些打不倒你的，会让你变得更强大 / 054

你只管努力，剩下的交给时间 / 061

第二章　所谓成熟，是泪在打转还能微笑

成熟取决于经历，而绝非年龄 / 068

唯有坚持，不负青春 / 073

浮躁的世界，愿你活得刚刚好 / 077

你可能永远等不来合适的时机 / 083

凡事不将就，才是对生活的不辜负 / 088

真正的关心，从不是用言语伤人 / 093

把不咸不淡的生活过得精彩 / 098

当你学会沉默，成熟才刚刚开始 / 104

所谓怀才不遇，不过是自欺欺人 / 109

与其急着批判，不如尝试了解 / 115

约会时不玩手机是一种修养 / 122

通往罗马的路不止一条 / 126

第三章　余生漫漫，总有美好值得期待

余生漫长，要让自己活得有趣 / 134

最好的爱情是势均力敌 / 139

真正的成功从不是一蹴而就 / 147

活得高级的人，都活得很精致 / 153

生活不会辜负每一个努力的人 / 158

专注是成长的良药 / 165

别让无效努力害了你 / 172

不会花钱的人，往往也不会赚钱 / 179

实力才是一个人最好的名牌 / 186

修养是一个人最好的外衣 / 195

第四章　爱的归宿是成长

成长是一场公平的蜕变 / 202

不讨好别人，不将就自己 / 207

你这么乖，难怪没人爱 / 212

以前喜欢的他，现在终于放下了 / 218

如果他这样做，说明是真的爱你 / 223

爱是发自内心的责任感 / 229

谢谢你能来，不遗憾你离开 / 235

第五章　即使一无所有，也要一无所惧

一个人也要活得热气腾腾 / 244

告别的阵痛，叫作成长 / 250

要么庸俗，要么孤独 / 254

成长，就是学会与自己好好相处 / 259

你总要学会自己做决定 / 265

真正的友情是彼此吸引的 / 270

凡事靠自己，不要依靠别人 / 275

为什么越长大越难交到好朋友 / 283

仅有一次的人生，学会好好爱自己 / 290

第一章

不要把世界让给你鄙视的人

请相信，这个世界上，总有一些仰望星空而热泪盈眶的人，用自己的努力来和那些鄙视他们的人争夺这个世界。

不要把世界让给你鄙视的人

01

有时候，不是因为我们看到了希望才去坚持，而是由于我们的坚持，才能看到希望。

坚持很难，但别无选择。坚持有坚持的痛，但也有它的魅力。那种美，倔强又决绝。

小童毕业后应聘到一所私立中学做老师，一开始干劲满满，冲力十足。她很用心地去研究教材，主动向老教师们请教如何把一堂课上得妙趣横生，为了一节课的内容，常常加班写教案到凌晨。

作为刚毕业的大学生，小童还是很有人文情怀和使命感的。她觉得作为一名教师，就应该承担起相应的责任，对学生负责，不能因为自己业务生疏而耽误了学生们的成绩，影响他们的未来。

小童的努力大家有目共睹，她的讲课水平突飞猛进，不但深受学生们的爱戴，连老教师们都称赞后生可畏。

半年后，市里要举办一次讲课比赛，评选市级讲课能手。这个奖项虽然不大，但是对未来的职称晋升有一定的帮助。学校为了给新人机会，有意在新招的这批年轻教师里选拔一位去参加这次比赛，所以准备先举办一次预赛。

小童为了争取这个机会，早早就开始做准备，定课题，查资料，写教案，做PPT，试讲……她为这次讲课做了充分的准备，在预赛中也发挥正常，赢得了最热烈的掌声。

然而，令她没想到的是，最后结果出来，选派去参加市级讲课比赛的却是另一位讲得很一般的年轻教师小曹。

小童觉得很委屈，明明自己是表现最好的，为什么最后确定的人选却是小曹。但是结果就是如此，她也不好意思去质疑评委——他们的年级主任。

一想到自己辛苦做的一切都付诸流水，还输给一个明显不如自己的人，小童就满腹委屈，天天无精打采，毫无斗志。

有位和她关系比较好的老教师见她这样，于心不忍，在某个无人的午后悄悄告诉她："小童，你这孩子也真是傻，这次去市里比赛的机会这么难得，大家肯定挤破脑袋。这种事，光讲课好是不行的，你还得搞好关系。那天下班后，我看见小曹提着两盒礼品进了年级主任的办公室待了好一阵子呢。这名额是年级主任定的，你想他给谁不是给啊，小曹给了他好处，他自然会偏向小曹啦。你以后也学着点儿，别埋头蛮干……"

得知真相后的小童一腔怒火，想问天问大地，然而她最终将目标锁定到了我的身上。

那晚，小童叫我出去吃火锅，我在热气下听完她对以上事件的讲述。小童一边荡着勺子里的鸭喉管，一边垂头丧气地说："我好瞧不起这种靠关系办事的人呀，大家都凭实力说话不好吗？不过如果我不像他们这样做，可能很难有机会了，西风，你说我该怎么办？"

我说："你愿意成为你所鄙视的那类人吗？"

"我当然不愿意！"小童抢着回答道。

"那，如果成为你鄙视的那类人后，能给你带来一定的收益，你愿意变成他们吗？"我继续问。

"这……其实我内心依旧是不愿意的，不过……"小童犹豫了。

"我先给你讲一个真实的故事吧。"我说。

02

以前，在我住处对面有四五家小笼包的店铺，他们的生意都不错，可只有一家王记小笼包人最多。他们家的味道比别家的更鲜，却不腻，我很喜欢，所以经常光顾他们家。

有一天，我照常去那家包子铺吃早饭，却发现他们家的味道变了，包子馅软趴趴的一坨，除了作料的味道，根本吃不出什么香味。

我很奇怪，就等到人都走得差不多的时候悄悄问服务员小张。由于我和小张比较熟悉，他就把包子变味的秘密告诉了我。

原来，其他家做包子的肉都是买的最便宜的那种肥肉，菜也是买每天小商贩卖剩的那种烂菜叶，将这些东西拌到一起，加入各种调料改一改味道，顾客吃得满嘴流油，根本不会在乎包子馅的质量。

而王记包子铺的老板比较有追求，他很鄙视别的老板不顾客人身体健康图谋私利的行为，即使成本再高，也坚持选用好的材料做馅，绝不拿客人的健康开玩笑。所以他的生意一直比别家稍微好一些。

后来，他发现别的包子铺由于成本低，盈利就是比他多，他开始陷入纠结，到底该不该和其他老板一样用劣质的材料做包子呢？想了一夜，最终他决定：既然大家都这么做，多我一个不多，少我一个不少，我这么坚持又能保护几个人的健康呢？不如以后也和他们一样用便宜的材料吧。

从此，老板改换了进货渠道，开始和别家一样用劣质的肉和菜做包子馅，口味也就大打折扣了。

听完，我觉得一阵恶心，恨不得把刚才吃的全吐出来，从此，再也不去他们家吃饭了。

后来，听说那几家包子铺的生意都渐渐冷清下来，连以前生意最好的王记包子铺也惨淡许多。

03

"有时候，我们就在不知不觉中变为自己曾经鄙视的那类人。虽然可以获得一点蝇头小利，可是你心里很明白那是不对的，所以，最终的结果一定不容乐观。"故事讲完，我做了一下总结。

小童点点头，说："嗯，我还是相信这个世界是凭实力说话的，别人说我不通人情世故，我偏要站着，还把钱赚了！"

几个月后，恰好逢全国严查作风问题，那位年级主任因为有受贿嫌疑而被撤职处分了。那段时间，小曹和其他几个曾经给过年级主任好处的老师都战战兢兢，收敛了很多，唯有小童吃得好，睡得香。

其实，在丢失掉那次讲课比赛的机会后，小童由于坚持自己的原则，不走关系送礼，又丢失掉了一部分奖金和评优的资格。但是她难过一阵之后就看开了，把精力重新放到研究教案和讲课技巧上，把心血倾注到学生身上。

年级主任被撤职后，职位有了空缺，要在老师中挑选一位顶上这个职务，评选的标准就是学生的期末成绩和教师的课研水平。

由于小童一直在努力提高自己的教学水平，对学生倾心倾力，学生也是十分配合，自然是拿到了最好的成绩，而有些老师一直把心思花在怎样迎合领导上，自己的教学水平非但没有提高，学生的成绩也一落千丈。

在小童成功晋升为年级主任的那天，我们又去了那家火锅店。

我举杯向小童庆祝："恭喜童主任，以后求主任多多提携！"

小童哈哈大笑一饮而尽，然后她忽然很认真地对我说："其实我以前真的很纠结，也动摇过。有一次，评选新人成果奖，我发现大家都悄悄给主任塞红包，我真的动摇了。那天下了班，我也揣着一张购物卡走到了主任的门前，我捏着那张购物卡，徘徊了好久，最后还是走了，去超市给自己买了一堆自己平时舍不得买的东西，我当时就想，老娘自己挣的钱，凭什么给你啊，我不光这次不给你，我以后也得站着把钱赚了！我绝不助长这种歪风邪气，绝不把这个世界拱手相让给我鄙视的人！"

我当时觉得小童就是一个自带背景音乐的女王，背后放射出无限光环，美丽动人，光芒万丈。

其实，有时候苟且，是为了更好的远方，不过，你可以苟且一阵子，但绝对不能苟且一辈子。

04

有时候，我们太容易被自己所鄙视的人同化，渐渐变成了自己曾经所讨厌的人。

你以前坐公交主动给人让座，后来自己累得要死，却发现装睡的那个人可以安然坐一路，你内心一阵鄙视，最后也学会了装睡。

你以前在下雨天被路过的车溅一身水，你大骂他们没素质，可是当你也买了车之后，想起自己狼狈的一幕，也想体验一把这样的感觉，于是也溅了别人一身水。

你因自己的恋人劈腿而分手，伤心欲绝，深深憎恨着脚踏两只船的人，然后，渐渐地也学会了玩弄感情，理由是"我也要让别人尝尝背叛的苦楚"。

……

你就这样一次次地将自己塑造成自己曾最鄙视的样子，也在一步步地将这个世界拱手让给了你曾经最鄙视的那群人。

以牙还牙，只会使世界更加盲目。

战胜那些你鄙视的人的最好的方法也不是以其人之道还治其人之身，而是当你比他强大的时候，让他来遵守你的规则，听从你的指挥。

你只有让自己不断强大，才能让别人看到你、听到你的发声，才能用你的力量去改变和帮助更多的人。

坚持自己的信仰，坚持自己的初心。所谓坚持，不是四处求安慰后的坚持，不是被人说服后的坚持，而是无论如何，牙碎了自己吞，泪流了自己擦，摔倒了自己站起来，每天独自擦拭的信仰。

请相信，这个世界上，总有一些仰望星空、永远热泪盈眶的人，用自己的努力来和那些鄙视他们的人争夺这个世界。

穷或者牛，都是自己的选择

01

忠厚老实的我经常被朋友评价说"路子野"，这个评价一直让我百思不得其解，于是有一天我就问朋友，为什么要骂我。

朋友说，说你路子野不是骂你野，就是觉得你永远在做和正常人脑回路不一样的事。

我略一思忖，觉得还是在骂我，抢起薯条就准备动手。

朋友抵死反抗：难道不是吗？当年放弃保研机会非要考研，放弃出国机会非要工作，放弃事业编的好工作非要去企业，好好的编辑当不够非要去写作，永远和别人的选择不一样，永远在走大家都不愿意走的路，你路子不野谁敢说自己路子正？

我想了一下，好像是这样的，我永远在放弃唾手可得的，选择困难重重的；永远在放弃舒适安逸的，选择变幻莫测的。

大三的时候，我们院里有三个推免名额，分给院里成绩排在前三名的同学，我有幸拿到了一个名额。

　　大家都知道，考研的困难程度日渐增大，推免名额比例的提升，录取名额的减少，不确定因素的增加使得考研变成了一件投资大，风险高，回报低的事情，但是推荐就不一样了，它是一张直通车的门票，让你不经过考验就可以直接进入 VIP 室，可以说一旦拥有了这个名额，读研的事基本就妥了。

　　于是我兴冲冲地去咨询我想报考的北师大，询问了一番后发现北师大由于和我校没有合作关系，所以不接收我校的推免生，当时的心情像坐云霄飞车一样，一下子从顶峰滑下，过大的落差让我有点情绪低落。

　　但好在我很快就调整了过来，并开始思考一个问题：是坚持走保研之路，选择一个退而求其次的学校读研，还是放弃保研的名额，自己去考，去争取想要的？

　　经过一夜的思考，我选择了后者。

　　我把保研的名额让给了需要它的人，然后自己抱着一摞书从此扎根图书馆，开始了我的考研之路。

　　备考的过程非常辛苦，每天凌晨五点醒来，在零下三十多度的空气里独自走在黑漆漆的路上，害怕不是没有，只能加快脚步，还不敢走得太快，因为地下全是厚厚的冰，一不小心可能就会摔倒。

　　晚上一直待到图书馆闭馆，回去还要继续看书到凌晨一点多。

　　由于选择了考研，大三我为备考放弃了去台北交流的机会，大四，这段本该是人生当中最轻松最欢乐的时光，我只能在图书馆坐穿板凳，我拒绝了一切邀约，选择了苦读。

按照正常的剧情发展，我这么努力，付出了这么多，是不是应该有一个好结果呢？

然而，事实是，那年的专业分数线比往年高了二十五分，然后我以七分之差落榜。

生活就像一箱苹果，你永远不知道自己啥时候吃到那个带虫的。

放弃了推免名额又没有考上，一时间我成了众人的笑柄。

不过好在我又很快调整过来了。我一直很喜欢陶渊明在《归去来兮辞》里的一句话，叫"悟已往之不谏，知来者之可追"。意思是，已经过去的错误再去挽救也是没有必要的，但是在未来的岁月里还可以努力地把事情做好，不让遗憾再次发生。

所以，我在做出决定的时候，就已做出承担后果的准备，一旦出现了最坏的结果，我就告诉自己，不要抱怨，不要后悔，及时做出新的选择，找到新的出路。

于是我又面临了一个选择：是继续考研？还是出国？还是找工作？

由于我的专业是对外汉语，当时国家汉办正在招一批学生输出到世界各地的孔子学院，我当时随便报了个名，没想到通过了考试和筛选，被录取了。

当机会摆在面前的时候，我想大部分人可能兴冲冲地选择了出去，这事儿有啥好犹豫的，出去玩一年再回来呗。

但是可能我的脑回路真的比较奇特，我开始犹豫了，我在思考：我真的要在这个时候出去吗？我会一辈子待在国外吗？如果我不能，那么一年后我回来，我找工作的竞争优势在哪里？这一年会对我的人生产生哪些实际影响呢？

我又思考了一晚，然后做出了一个选择：暂时不出国，等在国内工作一段时间后再说。

于是我又放弃了这个名额，再一次成了众人眼中的"奇葩"。有人觉得我遭到考研失败的打击后八成是疯了，才会一步步做出这些惊人举动。我不做任何解释，开始着手找工作。

我的求职经历还比较顺利，经过筛选，我的目光锁定在了两家单位。一个是北外国际交流学院的汉语教师工作，事业单位，还能解决户口问题；另一个是我现在所在的这家媒体公司，属于企业，不能解决户口问题。

大家都觉得这还有啥好选择的啊，肯定是选择第一个了，在大学当老师稳定又体面，还能解决户口问题。当时几乎是所有人都让我去北外，另一个方案被全盘否决。

于是我又思考了一个晚上，做出了选择：做媒体，写作才是我的目标与追求啊！

然后，我瞒着众人拒绝了北外的工作，来到了现在的公司，成了一名编辑。事后，北外那边的负责人还专程打电话给我对我进行了鼓励，虽然我知道他背后可能也骂我奇葩。

做了编辑，按理说应该老实本分做好自己的事了吧，但是我又不安分了，我决定自己也重操旧业：将我的写作事业搞起！

于是每天下班后我开始写东西，糊里糊涂就签了我的第一本书，然后又有了更多的出版社来找我合作。

我一直觉得人生就是一条盘山公路，每一个转弯都需要你做出选择，是弯道超车还是万丈深渊都不要紧，因为有前方的风景，万丈深渊也有独特的秀丽。

如果你问我有没有为做出的选择后悔的时候，那么我要告诉大家——

人生就是不断做选择的累积，选择就是选择，无所谓对与错。

02

很多人容易纠结，不知道该怎么做出选择，会考虑权衡各种后果，纠结了半天最后做出一个决定：还是算了，先这么搞着吧。

于是浪费了很多的时间、精力，但是对自己的人生和生活没有任何的改变。

所以说在面临选择的时候，你需要的是选择 Yes or No 的勇气，而不是思考 Yes 和 No 之后的事情。

1931 年，有一个以语文、历史第一名的好成绩考入清华大学的人，他的名字叫钱伟长。

钱伟长进了清华以后，陈寅恪希望他学历史，闻一多和朱自清希望他学文学。可是入学第二天，就爆发了九一八事变，钱伟长夜不能寐，觉得学历史、学文学都无法拯救民族命运。

他左思右想，做出了一个决定：只有学造坦克、强大自己的实力，国家的前途才能慢慢变好。

造坦克就得学物理。"我要去物理系！"

第二天钱伟长跟学校说："我要学物理！"

老师打开成绩单一看，乐了：中文和历史都是一百分，物理五分，数学加化学一共二十分。考成这样，您还敢学物理？

因为钱伟长态度很坚决，学校跟他达成了一个协议：在物理系试读一年。如果一年后，物理成绩能达到七十分，就继续学，达不到就回中文系。

钱伟长答应了。他毕业的时候，成绩是物理系第一名。

从利弊的角度看，钱老先生不管是读历史还是中文，未来都会成为一代人文学者，彪炳千秋。可是他偏偏选择了自己最不擅长的物理，也是路子野，结果成了物理学家。

在面对选择的时候，钱老如果权衡再三不敢做决定，那可能会失去开拓自己全新领域的机会，而我们也会失去一个科学泰斗。

所以，做出选择永远比权衡更有价值，所有的事情都是从你做的那一刻开始的，而不是你想的那一刻。

觉得自己太穷，那就想办法让提升自己，去更好的平台拿更多的酬劳；觉得自己太丧，那就拒绝负能量，去接触积极的人，开始新的生活；觉得自己太懒，那就放下手机，去跑步，去健身，去读书，让自己忙起来。

一个人最面目可憎的时候，就是一边抱怨生活，一边还躺着不动的时候。

03

永远要为自己的选择负责。

龙应台有一段话我觉得说得非常好：

你可以选择做官，你也可以选择挣钱，但你不能选择通过做官来挣钱；你可以选择做圣人，也可以选择做俗人，但你不能选择让大家像圣人一样崇拜你，还要像俗人一样原谅你。只想要权力不想要约束是恶霸，只想要享受不想尽义务是流氓。

这段话其实告诉我们，要永远为自己的选择负责，你选择了 A，就做 A 该做的事，你选择 B，就做 B 该做的事，你不能选了 A 还惦记着 B，做着 A 的事还想占着 B 的便宜。

就像现在社会比较流行的出轨。

男人在选择出轨的一瞬间就知道会对自己的家庭造成伤害，但是他还抱着侥幸心理去玩一把刺激，一方面享受着家庭的温暖，妻子的照顾；另一方面享受着和别人谈笑风生的刺激。

这就是对自己的选择不负责。要么你选择做个好人，忠于家庭，要么你选择做个坏人，离婚后再去找别人，不论哪种选择，都可以算是对自己和他人负责。

现在有很多人，也是因为搞不清自己真正想要的是什么，才会做模棱两可的决定，说白了就是不想对自己的行为负责。

有的人想考研，但是又怕考不上耽误找工作，于是一边考研一边工作，最后研没考上，工作也没找到；

有的人想辞职，但是又怕下一个工作没有现在的好，于是一边心不在焉地干着当下的活，一边时不时看看网上的招聘信息，最后下家没找到，本职工作也没做好；

有的人想结束一段亲密关系，但是又怕找不到比这个合适的，于是一边和这个相处着，一边和别人约着，最后大家都发现他是个傻子。

类似的事情太多了，每个人都想给自己最好的最安全的，但是往往会得不偿失。

所以一旦面临了选择，你要积极去做出选择，一旦做出了选择，就一定要为自己的选择负责，不要后悔。

你想变得更好，就不要害怕要付出汗水；你想要获得更多，就不要吝啬去付出；你想要变得更牛，就不要庸碌懒惰。

永远忠于你的选择，永远去为你的选择努力。

无数事情汇成了所谓的"选择"，而无数选择最终编织出的是"命运"。

想要变得很穷，或者很牛，全在你自己。

所谓成长，就是要有为梦想买单的资本

01

春节假期结束了，数以万计的年轻人又离开了家乡，为自己的梦想打拼，虽然不管你从事什么职业，父母们都会把这种行为叫作"外出打工"。

我的同学棋子研究生毕业后选择了留在北京工作，今天是他开工的第一天，本应精神抖擞，鸡血满满地开始为梦想而努力，而他却突然告诉我自己准备辞职回家乡工作了。

我很震惊，这和刚毕业时那个意气风发，信心满满，扬言要在北京有自己的一席之地的棋子简直有天壤之别。

当年毕业的时候，棋子的父母也曾劝说他回家考个公务员，一辈子轻轻松松、安安稳稳地度过，可是棋子觉得公务员的工作和自己的专业完全不相关，如果做了公务员，自己这些年的专业课不就白学了吗？

棋子热爱自己的专业，他要为自己的专业奉献终生，要为自己的梦想付诸青春和热血，于是，他不但坚决拒绝了父母的建议，甚至拒绝了回家乡工作。他认为家乡没有适合他这个专业发展的企业，如果想搞出一番事业来，就要留在大城市，留在北京。

当时，他在炎炎烈日下抱着简历一家一家去应聘，最终如愿被一家大公司录取，也算实现了职业生涯的第一个小目标。

刚开始工作的他每天热情洋溢，连地铁呼啸而过留下的带着尘土的风都能让他嗅到梦想的味道。他兢兢业业，只讲奉献，不谈工资，说自己这是为梦想而活。

就是这样一个人，一个哭着喊着要为自己的梦想奋斗终生的人，现在告诉我要告老还乡了，我不信。

"怎了？难道当爹了？必须回家负起这个责任？"除了这个理由，我想不到还有什么可以撼动一个热血男儿的壮志雄心。

"去你的！"棋子老脸一红，"啪"地给了我一巴掌，然后娇羞扭捏地揪着衣角说："我哪能摊上这种好事儿呀。"

我捂着被打肿的右脸，泪眼婆娑地问："那是为什么？"

棋子点燃一根烟狠狠吸了一口，然后慢慢地吐出来，烟雾弥漫在我们之间，我看不清他的脸，只听到他的一声叹息："在北京打拼……我已经没有继续下去的勇气了。"

02

"为什么？"

"曾经，我堂姐刚工作时，也是被大伯劝了好多年，让她回家工作，但是我姐之前一直很倔强，说回家对不起自己的努力和梦想，但是这次她要嫁人了，她爹妈把自己的房子卖掉给她在北京买了房子，还要背上三十年的房贷，她今年最后一次回家过年，偷偷和我说'如果当年没有弄到北京户口，我就回来了'。"棋子说着，又深深地吸了一口烟。

"那她爸妈把房子卖了，住哪里呀？"我惊恐地问。

"住我奶奶家。"

"真是太过分了！"我脱口而出，买房子用父母贷款的听说过，可是父母把房子卖了给女儿买房我还真是第一次听说，除了震惊，更多的是气愤，"感觉这样做很不孝啊。"

"是啊，为了她所谓的梦想，拖垮了全家人，我大伯还得了抑郁症。"棋子唏嘘道。

"父母好不容易把她拉扯大，还没能安心养老，辛苦一辈子最后却连房子都没有了。"我也觉得心里很不是滋味，"那你姐夫呢？他就没有表示点什么？"

"我姐夫是农村家庭出来的，家境不是很好，根本出不起买房的钱，他现在在北京做程序员，除了工作还接私活，拼老命在赚钱，也挺不容易的。"棋子一声叹息。

我开始杞人忧天："那他们有了孩子以后会更加艰难吧？"

"是啊，他们还背了三十年的房贷。我姐今年二十八岁了，要到五十八岁才能还清。我觉得除非发横财，否则留在北京，我姐到六十岁也不一定能过上好日子。况且我大伯身体也不好，现在连自己的家都没了，难道老了要去北京和他们住吗？不知道住在三百万小房子里的姐姐现在是怎么想的，很开心吗？"棋子说着说着，情绪有些激动起来。

"你别激动，别激动……"我表面上安抚着棋子，内心却在暗自庆幸：幸亏我没有北京户口啊，反正我也买不起房，有了户口反倒成了枷锁，多尴尬，哈哈哈！

"真不知道她一个三十岁的人了，还拿什么梦想做生活的挡箭牌。我不想走到我姐那一步，我知道自己买不起北京的房子，虽然这里有我的梦想，我却没有为梦想买单的资本了，我要回家了……"棋子的眼圈有点红。

我知道，对于每一个有梦想的人来说，最难以接受的无疑是对现实的妥协。棋子表面上很看得开，可是我懂这里面包含了多少的辛酸和不甘。

我拍拍他的肩膀，说："所有的现实都始于梦想，但并非所有的梦想都会化为现实。不过，我坚信，只要你心中还有梦想，你就会与众不同。"

这不是我劝慰棋子故意说的"鸡汤"，而是我本人也坚信的理念。

你可以无法实现你的梦想，但是你一定不能放弃梦想，因为只要有梦想，你就会有努力前进的动力，人生最精彩的不是实现梦想的瞬间，而是坚持梦想的过程。

只要棋子追梦的心不死，我相信不管到哪里工作，不管从事什么职业，他都会保持上进，脱颖而出。

比起棋子堂姐为所谓"梦想"的一意孤行，我倒是觉得棋子的暂时妥协的勇气令人敬佩。

我敬仰那些为了梦想可以付出一切代价的人，但更尊敬那些为了爱与责任而深藏梦想的人。

讲真，如果一个人到了三十岁还没有向自己的梦想靠近一点点的话，那他所谓的"追梦"，不过是掩饰自己无能和潦倒的挡箭牌罢了。

所谓成长，不只是拥有梦想，还要有为梦想买单的资本。

如果你一早便定下买房的目标，那么请给自己一个时间计划，然后为了这个目标去不断地努力，即使无法实现，也要无限接近。梦想从来不是动动嘴而已，更不是要让别人为你的梦想买单。这不叫"圆梦"，这叫"自私"。

03

无独有偶，听完棋子表姐的故事后，我恰好看到一个署名"菠萝姑娘"的网友的一个帖子，讲述了她来京两年的生活。

菠萝姑娘是个西安妹子，毕业后放弃了家里安排的优渥的工作，为了自己的梦想独自来到北京打拼。

菠萝姑娘初来北京，囊中羞涩，而且还是无业游民的身份，所以爹妈一次性帮她付清了半年的房租，房子不算大，但好歹也算有了个落脚的地方。

菠萝姑娘很快找到了一份工作，每天很辛苦，工资才两千多一点，平时省吃俭用，还能凑合着生活，不过两年下来，积蓄没有，反而还需要父母时时救济。

这时，有亲友劝她赶紧回家，不必过得那么辛苦。

她说，如果自己当初也像其他同学那样回家工作，现在不仅能过得清闲，房子车子也早就买上了，完全不会是现在这种落魄的样子。可是，她依然选择不回去，因为她觉得留在北京值。

因为这里是首都，是国家的心脏，所有的新闻都围绕这里发生，资源的丰富，信息的发达让她放弃安逸的生活，选择继续留在这里。

帖子的最后，菠萝姑娘还留下一碗浓浓的"鸡汤"：你可以不够强大，但是你不能没有梦想。如果你没有梦想，将来你就只能为别人的梦想打工。这一路你可以哭，但你一定不能停。

下面一堆评论也是全部倒向楼主，称赞楼主励志女神。

可是我却觉得这不过是一个拿着梦想当幌子的迷茫少女罢了。

首先，在北京工资两千多，而且工作两年了，保持平稳，没有涨幅，说明两点：第一，这个工作很低端，不会带给你什么发展，相信我，薪水是和你的劳动成正比的；第二，工作两年，薪水不变，说明姑娘不思进取，安于现状，且能力一般，甚至可以说没有。

其次，通篇说自己是为了梦想留在北京，却一直没有说自己的梦想是什么，难道是一份月薪两千的工作吗？说明姑娘其实没有一个长远的人生目标和规划，她所谓的梦想，或许只是梦，或者想。

最后，姑娘工作以后，不仅没有实现最起码的经济独立，反而需要家里救济，说明她没有独立意识，心智尚未成熟，还停留在学生阶段。不成熟还表现在，她说北京作为首都，资源丰富，信息便利，不过，可是如果你不主动加以开发利用，再丰富的资源又和一个朝九晚五的职员有什么关系呢？不过是换个街道看街景罢了。

由此可见，菠萝姑娘留在北京，根本不是为了她所谓的"梦想"，仅仅是为了首都这个名字，满足她那颗虚荣心罢了。

她追求"梦想"，为她买单的却是她的父母。这让我想起苏心姐的文章中写到的一句话：哪有什么岁月静好，不过是有人替你负重前行。

如果要牺牲别人的幸福，伤害别人的情感才能实现的话，对那个人来说，梦想就已经不能称之为梦想了。

梦想是一个天真的词，实现梦想却是一个残酷的词。

所以，当你下定决心要为自己的梦想努力的时候，也要做好为它买单的准备。追梦是你一个人的事情，别人没有义务替你承担它昂贵的代价。

你要有梦想，但也要面对现实，如果没有为梦想买单的资本，不要一意孤行，但是也不要轻言放弃，梦想不一定是用来实现的，适当的妥协也是一种智慧。

因为，有时候，追逐梦想的人比抓住梦想的人更能发挥实力啊。

努力才是青春最应该有的样子

01

前一阵子，北京房价高涨让很多尚未买房的朋友苦不堪言，尤其是像我这种毕业工作没多久的年轻人，更是受到重重一击。如果说我之前还觉得自己有买房的那么一丝丝希望，那么现在我已经彻底放弃了，还是喜欢什么买什么，今朝有酒今朝醉吧。

可是，当我跟老菠萝讨论房价的时候，老菠萝却很不以为然，他认为十几万的首付还是付得起的，毕竟首付只有三成而已，没有必要有那么大的压力。

我掰着手指头算了一下，首付至少也得有个四五十万吧，这对一个月薪过万的工薪族来说尚为吃力，别说老菠萝这种尚在象牙塔里不知人间冷暖的学生了。

当我对老菠萝的想法表示质疑时，老菠萝很不在意地说："当然是家里给付了，然后再自己还房贷呗。"

老菠萝的想法可以说是代表了很多年轻人的观点，认为自己刚步入社会，需要一个适应期，经济能力不足，需要父母的支援，这些都是可以理解的，可是当你工作了一段时间后，还是想要依靠父母的话，那你就得问问自己工作的意义是什么了。

就像前几天看到的一则新闻，男生小何大学毕业三年，某日给父母打电话说想在南京买房，让父母给买。父母一时之间很是为难："你毕业后，我们一直供养你，现在房价这么贵，我们一时之间也很难拿出这么多钱啊。"可是小何不依不饶，说同学都买房了，自己没有房子连女朋友都找不到。

尽管困难，小何的父母还是在一周后凑齐了四十万给小何，可是小何并不满意，说："这么点儿钱，怎么买房子。"一气之下，小何给父母发了一条微信遗书，离家出走了。

小何的父母苦不堪言，连忙报警，最后民警在郊区的群租房里找到了小何。

小何看到从外地赶来的父母还十分不耐烦，后来在民警的严肃批评下，小何才答应跟父母回家，好好找工作。

看完这则新闻，我差点以为自己是看了《故事会》，竟然还有这样的事情，真是颠覆我的三观。

大学毕业三年没有工作，靠父母养活，一把年纪不干正事。知道跟同学比房子，怎么不跟他们比工作、比前途、比年薪呢？

对于小何这种标准"啃老族"，而且是家庭条件很一般的那种，我只想说一句：别三十岁了还像个孩子好吗？

02

小时候，我们喜欢攀比，攀比父母的职业，攀比父母的收入，攀比谁家的房子大，攀比谁的衣服更漂亮，攀比谁的玩具更昂贵，如果你父母的职业比他父母的职业更体面，便有了一种胜利感般的窃喜。

如果哪个孩子在班上吹嘘自己的父母给自己买了什么样的衣服玩具，甚至是新款的书包文具，我们便都会发出羡慕的赞叹。没有人讽刺这个孩子不知节俭，没有人批判孩子家长宠溺孩子，有的只是发自内心的羡慕和渴望：他的爸妈真好，如果我爸妈也给我买就好了。

后来，当我们上了大学，离开家乡远赴千里之外求学，才发现原来新奇的东西那么多，物价，原来也这么高。我们觉得当初那个同学的新玩意儿一点儿都不值得羡慕，我们开始向往更美更好的东西，同时我们也已经发现，我们想要的，父母渐渐地再也给不了了。

上大学以后，摆脱了千篇一律的校服和厚厚的眼镜，女孩子们留起了长发，学会了化妆，开始小心翼翼又喜不自禁地尝试着变美。大家开始讨论衣服、鞋子、包包、化妆品、发型等问题。

小美的父母经商，家庭条件优越，所以学生时期就经常使用一些档次较高的化妆品，在我们还讨论美特斯邦威、以纯的时候，她就已经大批采购 zara 和 H&M 了。可是每次她一说"我爸妈又给我买了 ××""我爸妈又给我打了 ×× 生活费"的时候，我们却惊奇地发现再也没有了年少时期的羡慕，反而觉得她很幼稚，毕竟这些都是她父母辛苦工作赚来的，和她又有什么关系呢？

反而是一些家庭条件不太好的同学，赢得了大家的尊重，获得了良好的口碑。因为他们在大家作为成人却还向父母要生活费的时候，就已经开始经济独立了。

万万就是其中一个。

万万来自比较偏远的云南小镇，父母东拼西凑给他交完学费以后，实在拿不出太多的生活费了，所以当万万揣着父母最后的两千块钱坐在来大学的火车上时，他就暗下决心，一定要多打工赚钱，自己养活自己。

为了赚生活费，万万什么都做过，在火锅店端盘子、在路边发传单，甚至是在校内送水和外卖。虽然工作比较辛苦，挣得也不多，可是这对于一个刚上大学毫无社会经验的学生来说，已经很不容易了。

万万积攒了一些生活费后，发现这些体力劳动工资少，对于自己成长帮助也不大，父母送自己来上大学是为了学习的，不是来打工的，如果一直做这些工作，那和辍学的那些同学有什么区别呢？

后来，万万了解到学生网上购物的需求后，开了一家小小的淘宝店，从郊区的批发市场低价进购一些文具饰品等小玩意儿，专门卖给在校的学生，还四处发传单为自己的小店做宣传，由于品种全、送货快，万万的小店在学生中很快传遍开来，生意也越来越好。

后来，万万不仅解决了自己的生活问题，还可以给父母买了手机，虽然只是很普通的不知名的智能机，但那时在我们看来，却比一百个苹果手机更可贵。

那时候，我开始意识到，我们已经长大了，不再是那个可以炫耀父母的小学生了，在孤立无援的陌生城市里，自己的底气，只有自己能给。

我没有万万的勇气去东奔西走，只能把目标放到奖学金上，所以当大家开始叫我"学霸"，问我"怎么才能专心复习"的时候，我一面说着"对知识的热爱"，一面在心里默默流泪，其实我只是想拿奖学金，实现暂时的财务自由啊。

虽然我妈常常叮嘱我不要太累，还时不时地给我打生活费，可是我都固执得没有动，有时候，我就是想看看，离开父母，离开家乡，我到底能做到什么程度。

所以，四年的国家奖学金再加上一些其他类的奖金，我的大学生活过得还算可以，虽然不是那么有钱，但是基本上想要的还都能买到。而且，毕业后还有一点存款，帮我度过了刚刚工作的那段窘迫日子。

有些人，认为自己考上了好的大学，就是天之骄子，就是家庭的功臣，就该享受父母的供养，可是他们没有意识到的是，上大学，不过是你人生的一个阶段，一场经历，没有人有义务去为你自己的成长买单，你只能对你自己负责。

就像我们走着走着，回头发现父母的满头白发，于是自己不得不长大。

03

工作后的前三个月，是实习期，固定工资，只有几千，所幸公司"仁慈"，让我免费住在宿舍里。说是宿舍，其实是某高档小区的复式小楼房，楼上楼下，四间卧室，一人一屋，所以生活也算惬意。

当时为了节省生活成本，我每一餐都自己做，因为一份外卖的钱就够我买一个多星期的菜了。也舍不得买太贵的衣服，只有赶上打折期的时候，才敢出去逛一逛。

爸妈表示对我很不理解，他们认为女孩子就应该打扮得漂漂亮亮的，没事买买衣服，做做指甲什么的，我爸曾说我那段时间活得不如化妆品专柜售货员精致，他们能想到的唯一方法就是给我打钱。

但是我拒绝了，我始终觉得一个人工作以后还用家里的钱，那和废物有什么区别？所以，我拒绝了他们的救济。

三个月实习期到了，我顺利转正，工资也翻了几番，于是满大街找房子，最后用自己辛苦劳作三个月的血汗钱在公司附近租到了房子，押一付三的时候也能大气地交出全款。

比起同时期其他人让父母交第一笔房租，我内心有了一点小窃喜，觉得自己获得了一次小小的胜利，觉得自己已经比同龄人迈出了更快的一步，虽然这仅仅是我和自己的一场比赛。

或许有时候，人就是在这种自己和自己的较量中，不动声色地长大吧。

04

有一次和朋友去某个比较高端的餐厅吃饭，看到旁边两个很可爱的小男孩在聊天，朋友感慨地说："真羡慕现在的小孩，咱们这么大的时候，哪能来这种地方吃饭啊。"我耸耸肩，顺势看向两个玩闹的小孩子。

一个小孩说"我爸爸在××局上班，他……"，仿佛在炫耀一个大英雄。另一个孩子也不甘示弱，说："我妈妈是×××。"

一瞬间，我好像看到了当年的我们，一样幼稚得可爱，而转念又陷入了沉思：不知道以后我的孩子，能不能以我为荣呢？我该有多努力，才能给他骄傲的资本呢？

那一刻，仿佛又是一种成长。当我们向父母索要的时候，父母只怕给予的不够。而当父母需要我们的时候，只希望我们不打折扣。

同样，以前，别人会根据父母的收入对你；以后，别人会根据你的收入对你父母。

回到房价的问题。

据说，现在美国在兴建针对年轻人的小户型，而且租金便宜。设计者称，刚起步的年轻阶层，经济能力有限，同时精力旺盛，一天到晚在外面创业、社交，回家不过是睡一觉而已。他们需要的不是昂贵的大房子，而是降低奋斗的成本。事实上，年轻人也特别欢迎这样的安排。

不管一个社会多么富裕，从底层奋斗，从一无所有的起点奋斗还是"王道"。失去了这种精神，社会就失去了进步的动力。

一位专栏作家说过一句话："所有的中年成功者，如果可能的话，都愿意以自己所有的成就和金钱去换回当年那穷困潦倒的蜗居生活。"年轻时代是人生的幸福和美感所在，你失去了对这种东西的感受能力，就失去了生活。

同龄人中确实有太多的人觉得什么都应该由父辈给他们。但是在我看来，做家长的应该大胆地对后生训诫：这社会还没轮到你享受，要什么，自己挣！

你的能力要配得上你的骄傲

01

小麦是个长得很漂亮的女生，身高一米六八，真是有颜、有身材。唯一不足的是学历有点低，仅仅是专科毕业。

虽然学历低，但是姑娘依旧只身来到首都，希望走出自己的一片天地。可是没有学历又没有一技之长，要在首都找到一份比较满意的工作谈何容易？所以小麦很长一段时间都处于无业状态。

有一次，我去看望小麦，并询问小麦找工作的近况。果不其然，她还是没有找到满意的工作。

"你先别挑剔了，在北京，名校毕业的'海龟'都不一定能找到满意的工作，你不如先找一个积累经验吧。"我小心翼翼地建议着，硬是把"何况你还是个专科生"这句话憋住了，生怕踩到她骄傲的尾巴。

"你看看那些都是什么工作啊？前台，推销，服务员！一天天累死不说，工资还那么低，我不想做。"小麦窝在沙发上吃着薯片，一脸不屑。

"其实还好吧，有总比没有强。你平时也看看书，多学点东西，对找工作也有帮助。"我继续委婉地劝着她。

"哎你看看这件衣服怎么样？我购物车里最近放了好多东西啊！"小麦并没有把我的话听进去，拿着手机兴冲冲地扑过来让我帮她挑选购物车的东西。

后来，由于生存所迫，小麦凭借颜值和身材，成功应聘为某公司前台。但是她依旧不满意，觉得自己应该像所有成功人士一样每天穿着高档职业套装出入高级写字楼。

她瞧不起同事，每天抱怨公司小、工资低，还常常骄傲地扬言总有一天要离开这个破地方，去更好的公司。每每听到这样的言论，同事们都觉得很尴尬，甚至偷偷嘲笑她"癞蛤蟆想吃天鹅肉"，同时也慢慢疏远了她。

再后来，小麦真的离开了那家公司，只不过不是功成身退，而是被辞退了。原因很简单，老板觉得小麦眼高手低，不热爱这份工作，不是一个好员工。

小麦是一个心气儿很高的女生，她追求体面的工作，优质的生活，其实这都没有问题，问题在于她没有摆正自己的心态，认清自己的能力水平。

如今，又是一个毕业季，在求职的泱泱大军中，又有多少个"小麦"呢？

现在，很多年轻人觉得怀才不遇，对当下的生活不满意，对现在的工作不称心，觉得自己应该去名企、国企、外企，应该轻轻松松月薪过万。可是，你有没有想过，你的能力真的配得上你的骄傲吗？

你要履历没履历，要经验没经验，要资源没资源，要关系没关系，你说："你相信我，我可以做好。"请问，我凭什么相信你？你能摸着良心相信你自己吗？

当你怀揣着自己那颗骄傲的自尊心仰望星空时，你有没有想过自己的能力是否足以脚踏实地？

02

曾经，我也被别人贴上"心气儿高"的标签。

大三那年，我准备考北师大古代文学专业的研究生。中文系的都知道，北师大文学系是国内首屈一指的，所以也比较难考。周围的同学很多都选择了考取本校的研究生或者比较好考的专业，只有我，明知山有虎，偏向虎山行。

那是我一生都难以忘怀的时光。在零下五度的大北京，我每天凌晨五点醒来，踽踽独行在被雪覆盖的校园小路上，只为早点去图书馆占一个座位。那时天还不亮，偌大的校园被几盏点点泛黄的路灯包裹着，显得狰狞而可怖。我每天走的时候都特别害怕，会时不时地回望，每当看着自己在雪地里留下的一排孤独但是坚定的脚印，我缩缩脖子，继续前行。

　　那时我很自信，觉得自己年年拿奖学金，成绩这么好，只要坚持走下去，就会到达目标。相比之下，我并不欣赏那些因为本校好考就不怎么努力的同学。我觉得要改变就要挑战一下自己。

　　可是后来，没有转折和奇迹发生，我以几分之差落榜，考本校的同学们无一例外地被录取了。

　　我迎来了大学四年最灰暗的时刻：考研失败，并且错过了找工作的最佳时期。

　　看着周围的同学纷纷有了着落，自己努力了四年却一无所有，原来心中那面自尊心的围墙轰然倒塌。

　　有同学安慰我，说你要是考本校肯定能考上；有同学接话说，人家才不愿意考本校呢，人家心气儿高着呢。

　　这是我第一次听到别人正面说我"心气儿高"。当时我觉得心里很不舒服，可是后来我反思了一下，又不得不承认我确实是个很骄傲的人。

　　我想考中文系专业最好的学校深造，我盲目自信地认为我在校成绩好就说明我优秀，我有资格去更好的平台发展，我的骄傲蒙蔽了我的双眼，我忽视了自己真实的能力。

　　我忘了学校的考试和考研这种选拔性考试不一样，我意识到好多必读的作品其实自己并没有仔细读过，意识到自己从来没深入地研究过一本教材。我以为的"我有能力"只是被一颗骄傲的自尊心催眠后的"以为"，而事实上，我并不具备这种能力。

03

自从某部作品提到过一句"我不愿意将就"之后，"不将就"就成了很多人喜欢的"托词"。

没有工作，不是因为我能力不够，是因为我不将就；没有对象，不是因为我不够优秀，是因为我不将就；没有机会，不是因为我懒得去找，是因为我不将就。

别拿"不将就"来掩饰自己没能力、不优秀还懒惰的现实了。放下无聊的自尊心吧，你的骄傲不过是一文不值的独角戏罢了。

心气儿高，没有错；不将就，没有错；你的骄傲也没有错。问题在于：你的能力配得上你的骄傲吗？

你想升职加薪，却每天吃喝玩乐；你想留学深造，却只记得单词书上的第一个单词"abandon"；你想考个好成绩，却天天追剧、玩手机。当别人通过自己默默的努力实现目标时，你还不屑一顾地说："有什么呀，叫我我也能。"

你真的能吗？试试就知道了。

别说什么"别低头，王冠会掉"，请问王冠不掉你怎么知道自己到底几斤几两？

你可以把目标定得高一些，但请你把姿态放低一些，脚踏实地地去

充实自己，去提高自己。等你的能力配得上你的骄傲的时候，我们再为

自己加冕，做真正的国王，好吗？

　　好的。

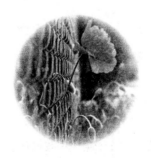

坚持很难，但别无选择

01

有天忘了定闹钟，毫无疑问我起晚了。

迟到是要扣工资的！我爱工资，我不要迟到。于是抓起细软就向公司跑去。恰好在路上碰到了同事悠悠，她神色慌张不安，步伐却丝毫不乱。

"悠悠赶紧跑吧，还有五分钟就要迟到啦！"我朝她喊。

悠悠很超脱地说："五分钟根本赶不到了，反正都是要迟到，别跑了，省得出一身汗。"

听上去好像很有道理的样子啊……我迟疑了一下，还是向公司飞奔而去，毕竟我没钱，不想被扣工资。

穿过层层的人群，挤上电梯的最后一个空位，我看了一下表，九点五十八了，距离打卡还有两分钟！还好电梯直通我的楼层，不会因为停顿而耽搁，这种情况可是第一次。

真是"只要你想去做，全世界都会给你让路"的快感啊，古人诚不欺我也！我暗自庆幸。

下了电梯我朝办公室一路狂奔，最终在九点五十九分的时候打上了卡！

当我坐在工位上正调理因奔跑而紊乱的气息时，看到悠悠垂头丧气地走了进来，她哀怨地说："西风，我迟到了一分钟，就一分钟啊！早知道就和你一起跑两步了……"

只差一点点的感觉是最糟糕的，迟到一分钟永远要比迟到十分钟更令人捶胸顿足。就像你为了买一份甜点排了半个小时的队，轮到你的时候最后一份恰好卖完了；就像你熬夜复习，最后却只考了五十九分；就像比赛的时候前三名晋级，而你偏偏是第四名……

你把这些都归结为运气不好，每次都差那么一点。而事实呢？你确定在你在这个过程中没有犹豫吗？

反正都快迟到了，别跑那两步了吧；前面那么多排队的人，我还买不买呀，踌躇了十分钟还是排队了；这么多不会的，复习跟预习一样，干脆不复习了，爱咋咋地吧，不行，还是看看吧，万一过了呢；我肯定比不过他们三个，反正结局都差不多，我又何必拼尽全力……

看，所谓的"好运"就在你的犹豫中跑掉了，你与成功差的，只是那么一点点的坚持。

02

某个冬天，全校女生掀起一股织围巾的热潮，每个女生都戴着自己织的样式各异的围巾，每个男生都戴着自己女朋友织的五颜六色的围巾（单身狗只能在脖子里系塑料袋）。以前，大家见面打招呼："哎，吃了吗？"现在一律变成："哎，你围巾织好了吗？"

看到寝室里的妹子都在兢兢业业地织着围巾，我也跟风买好了毛线和针，准备掌握这项技能。

室友们热情地围上来指导，从拿针的姿势到各种手法应有尽有。我听完觉得挺简单的，然后一操作就傻眼了：这个针是向线上穿还是向下穿？这个线是放在食指还是中指？哎呀，这织好的怎么全开了……鼓捣了半天，一行没织成不说，还把缠好的线搞成了一坨。

好麻烦啊，不想学了。我失去了耐心，将毛线丢到一边。可是也确实很羡慕能娴熟地织着各种花式围巾的室友呀……算了，技多不压身，我一定要掌握这项技能。

三个月过后，我人生中的第一条围巾终于织好了。这三个月，我曾放弃过很多次，尤其是织错了一针就要全部拆了重织的时候，我觉得自己可能这辈子都织不完一条围巾了。

要不要继续织下去？放弃吧，可是都织一半了；继续织，可能花费的精力更多。我也曾这样犹豫过，可是最终还是选择了继续织下去，织下去，哪怕来年春节才能戴也无所谓。

当我戴上它的时候，还是不敢相信笨拙的我居然真的独自织完了一条围巾。如果我当初在犹豫的时候选择了放弃，那我可能真的一辈子都学不会织围巾了。

以后，每当做事到瓶颈期的时候，我都会想起织围巾这件事，在快要放弃的时候只要再坚持一下下，真的就会"柳暗花明又一村"。

03

其实，你所进行的每一件事，都是一个过程。在这个过程进行到一半甚至快结束的时候，往往会进入疲惫期，会产生想放弃的想法，其实这时候，只要再咬牙坚持一点点，就会拥有你想要的结果，如果这时候放弃，前面百分之九十的努力都会前功尽弃。

不是上天没有给你机会，而是你自己放弃了机会。坚持很难，但我们别无选择。

还有五分钟就迟到了，我跑不跑？跑！

还有一半路就到终点了，我走不走？走！

还有一分钟就结束了，我该不该坚持？当然要坚持！

真正的救世主从来都是自己

01

很多年前，一个小女孩把自己新买的《格林童话》带到了幼儿园，想和小伙们分享童话中的浪漫与美好。

可是，她刚把书从书包里拿出来，班上最调皮的几个男孩子就围过来："这本书听说挺好看的啊，你反正都看完了，把它给我们吧！"说着，就动手抢了过去。小女孩起身要夺回来，他们起哄把书从一个人手里扔到另一个人手里，小女孩永远跟不上他们的脚步，眼睁睁地看着自己的书被抢走，周围响起一片嘲笑的声音。

"你们等着，我去找老师！"小女孩咬咬牙，心里愤愤地说道。在小学生眼里，老师就是救世主，是食物链的最顶端，是比家长还要神圣不可侵犯的权威。

她跑到办公室向老师哭诉了事情的经过，老师看着梨花带雨的小姑娘，一阵心疼，她风风火火地来到教室，把那几个小男孩大声呵斥了一番，让这群捣蛋鬼给小女孩道了歉并把书还给了她。

小女孩心中油然升起一种得意的感觉：让你们欺负我，我找老师帮忙，看你们还敢不敢乱来！

谁知，老师走后，几个男孩依旧抢了小女孩的书，还把它撕坏了扔到了垃圾桶，并放言道："让你找老师，下次你再敢找老师告状，我们就扔你的书包！"说完，嬉闹着扬长而去。

小女孩蹲在垃圾桶旁边一边哭着一边捡起被撕得支离破碎的《格林童话》，感到一种从未有过的无助感：原来，厉害的老师也不能保护自己，原来，只有自己强大了，才能不被别人欺负。

很多年过去了，小女孩早已经成了畅销书作家，受到众人的尊重，可是她依然没有忘记当年那件事。她辗转打听到了当年那几个男孩的消息，听说他们过得很一般。她给他们每人都寄去了一部自己的新作，并在扉页写道："记得你当年很爱看我的《格林童话》，现在我自己写童话给你看，书送你，知道你舍不得买，不用谢。"

当把书寄出去的那一瞬间，她感到一种恶作剧得逞般的轻松加愉快，仿佛自己当年被践踏的尊严终于被自己捡了回来，终于，自己也可以站在强者的位置上"欺负"一次别人了。

尊严每个人都有，可是别人看到的往往不是尊严，而是你自身真正的实力。你永远不能期望在别人的庇护下安逸地度过一生，因为这世上根本没有救世主，"欺负"人，还得靠自己。

02

我的朋友小鱼毕业后拒绝了父母安排的机关单位的工作，一个人去了陌生的天津，几经波折进入某电视台工作。

刚开始做实习生的时候，每个月工资只有一千块。

在这个年代，别说是天津了，就连小县城一个端盘子的服务员都比这赚得多。所以好多实习生一听待遇，就直接第二天请了事假，然后再也没出现过。

小鱼也曾为此犹豫，一个月一千块的工资，生活起来真的很艰难啊。与此同时，家里的七大姑八大姨们也开始议论纷纷：上大学有什么用啊？一个月的工资才一千块，说是在电视台，也就听上去体面些，还不如我儿子打工挣得多呢！

小鱼的父母也心疼自己的女儿，再一次召唤她回家里的机关单位工作，待遇好，工作也轻松，不像记者，整天风吹日晒的，工资还那么低。

与此同时，小鱼由于缺乏工作经验而不被老员工们看好，常常受到嘲讽和排挤。

有一次，电视台要做一个关于节气的专题报道，由于这个栏目收视率低，群众配合度也不高，所以很少有人想去做这个节目的采访。在大家推三阻四下，小鱼主动请缨接了这个任务。

她和摄像师两个人扛着机器在炎炎烈日下做着采访，询问了一个又一个路人，但是得到的回应一般都是摆摆手，然后匆匆走掉。

就在采访陷入僵局的时候，小鱼想到了一个吸引群众采访的办法，只要参与采访的人，都有机会去电视台与知名主持人合影留念。在名人效应的带动下，群众纷纷踊跃起来，小鱼顺利完成了采访。

小鱼做的这期节目是收视率和互动率最高的一次，虽然她在室外扛着摄影机跑了大半天，还差点中暑，但是由于出色完成任务，让老员工们对她刮目相看，觉得新来的这个小姑娘年纪不大，工作能力还是很强的。

如今，小鱼早已是一名资深记者了，还和男朋友在天津买了套一居室。虽然房子不大，但是温馨幸福，这是她当初在月薪一千的时候怎么也不敢想的。而当时那些对她冷嘲热讽的亲戚和同事们，现在除了羡慕与夸赞，已找不到任何奚落她的理由。

尊严是人的底线，但有时候你眼里至高无上的尊严，却是别人眼里不值一提的小事，所以，那些年给你巴掌的人，你只能用自己的实力去给他们反手一个耳光。

03

《战国策》里提到过战国纵横家苏秦刺股的故事。

苏秦多次劝说秦王"连横"未果，财产用尽，只能狼狈返乡。他上又瘦又黑，背着行李，一脸羞愧之色地回到家里。妻子不下织机迎接他，嫂子不去做饭为他接风洗尘，就连父母也不与他说话。

苏秦见此情状，长叹道："妻子不把我当丈夫，嫂嫂不把我当小叔，父母不把我当儿子，这都是我无能的过错啊！"

于是他半夜摆开几十只书箱，找到了姜太公的兵书，埋头诵读，反复选择、熟习、研究、体会。读到昏昏欲睡时，就拿针刺自己的大腿，鲜血一直流到脚跟，并自言自语说："哪有去游说国君，而不能让他拿出金玉锦绣，取得卿相之尊的人呢？"

满一年，苏秦学有所成，在宫殿之下谒见并游说赵王，赵王大喜，封苏秦为武安君。拜受相印，并赏兵车一百辆、锦绣一千匹、白璧一百对、黄金一万镒。这个时候，王侯的威望，谋臣的权力，都要被苏秦的策略所决定。在苏秦显赫尊荣之时，黄金万镒被他化用，随从车骑络绎不绝，一路炫耀，华山以东各国随风折服。

苏秦将去游说楚王，路过洛阳，父母听到消息，收拾房屋，打扫街道，设置音乐，准备酒席，到三十里外郊野去迎接。妻子不敢正面看他，侧着耳朵听他说话。嫂子像蛇一样在地上匍匐，再三再四地跪拜谢罪。苏秦笑问："嫂子为什么过去那么趾高气扬，而现在又如此卑躬屈膝呢？"

苏秦没有依靠赵王的权威，而是凭借自己的本事，给了当初欺辱他的人一记响亮耳光。

面子和尊严不是一回事，有面子的人不一定有尊严，而有尊严的人也不一定要威风八面。面子是相互的，而尊严是自己的。说白了，面子是一层皮，撕破了只会露出虚荣心，而尊严才是一个人真正的筋骨，只有保持筋骨的强健才能行得正，站得直。

　　浅薄的人爱面子，喜欢曲意逢迎，生怕别人看透自己的虚荣。而深刻的人尊敬别人，更尊重自己，他们会用自己的实力去捍卫自己的尊严。

　　这个世上没有什么是可以永远依靠的，你所期望的那个"救世主"也根本不存在。被别人欺负了不可怕，要记住，能帮你"欺负"回去的人只有你自己！

　　一个人总有一天会明白，将希望寄托在他人身上是没有用的，人只有自己才能帮助自己，只有耕种自己的田，才能收获自己的玉米。上天赋予你的能力是独一无二的，只有当你自己努力尝试和运用的时候，才会发现自己其实是那么的强大。

努力有方向，青春不迷茫

01

阿紫之前在一家报社做记者，为了抢新闻抢热点，天天风里来雨里去，有时跑一天也是白跑，有时采访完赶回来加班加点写新闻稿，到最后主任却没有通过或者遭到临时换版。辛辛苦苦一整天，最后竹篮打水一场空。

阿紫觉得压力很大，有点受不了这种飘忽不定、有付出没回报的工作了，恰好这时，她一个朋友说自己公司最近正在招人，待遇不错，比阿紫现在的工资要高很多，就问阿紫的意愿。

去啊，当然去！阿紫正这么想着的时候，主任宣布了一个令人震惊的消息：副主任调岗了，现在领导想从阿紫他们一批年轻采编里挑选一位合适的人选接替这个位子，考察时间至少为一年。

一时间，阿紫又犹豫了：一边是高薪的全新工作，另一边是自己单位升职加薪的待遇，该选哪一个呢？

经过一周的思索，阿紫最终选择了离职去新的单位。

我觉得阿紫太傻，说，好不容易多年媳妇要熬成婆了，你不该走啊，你走了岂不是便宜了其他人？

阿紫笑笑说："以前的副主任，在基层工作了三四年才被提拔为副主任，现在领导怎么可能要直接从我们这批经验不足的年轻采编里选呢？再说，现在工作任务重，拿的钱却不多，好多采编都在纠结要不要离职的问题，这样给采编们一点盼头，也可以稳住军心，留住一批人。"

"那万一是真的呢？"我虽暗自佩服阿紫的缜密心思，却想为自己争辩一番。

"那我也不后悔。"阿紫坚定地说，"机不可失时不再来，一边是可以确定的高薪工作，一边是虽有希望却尚未确定的事情，你说我该选哪个呢？"

后来的事实证明阿紫是对的。原来那家报社在一年之后并没有从年轻的采编中提拔副主任，而是找了个理由空降了一位。搞得剩下的采编们叫苦不迭，自己劳心劳力做了一年，却全都白尽力了，可是这个时候都已经工作快三年了，离职的话又很可惜，真是不上不下的尴尬时候。他们一边抱怨着，一边又不得不继续过着已经厌倦的生活。

而阿紫到了新公司之后，不但待遇比以前好，工作也轻松了许多，更重要的是，她频频把握住了发展自己的机会，一年多就升职为副总监了。

我佩服阿紫精准的判断力，问她如何做到的。

阿紫说，人生中有很多事是我无法预料和掌控的，我能做的就是抓住我能确定的事情，尽力把它做好。

02

阿紫的事情让我想到了《伊索寓言》里的一个故事：

莺在大树上唱歌，一只鹞鹰飞过来抓住了它，就在莺即将被吃掉的时候，它请求鹞鹰放了它，说它根本不能填饱鹞鹰的肚子，如果想吃饱，应该去捉更大点的鸟。鹞鹰回答说："假如我放掉手里现成的食物，再寻找还没有看到的东西，那我不成了傻瓜吗？"

鹞鹰的选择同样充满了智慧，它懂得与其追求虚无的东西，还不如把握现实。

有一个法则叫"二八法则"，意思是说，百分之八十成果的取得，来源于百分之二十的付出。

当你第一次看到这个理论的时候，肯定相当崩溃，不是一分耕耘一分收获吗？可事实就是如此，导致事物最终结果的，通常都只是少数的原因、投入和努力，而其他大部分的工作只能带来微小的影响。

比如，你学习很努力，认真听讲按时作业，可是旁边那个三心二意、心猿意马的同桌，成绩却总是比你好；你努力工作加班加点，可是你的同事就做了那么一件事，偏偏这一件事打中了要害，很快打入领导视野……

不公平吗？那是一定的。但是，几乎所有的事情，当你透过表象，深入剖析事物的真实关系时，都会出现一种不平衡的模式。

不信，翻翻你的通讯录，是不是只有百分之二十的人你常联系，甚至占据了你百分之八十的精力，而剩下的百分之八十没事绝不联系；看看你的公司你的周围，是不是总是那一小撮人干了百分之八十的活儿，而剩下的那大部分人却只干了百分之二十；再盘点一下你的行事历，是不是花大部分心血钻研的事情很多都是不了了之，可插科打诨干的一些事情却还真有模有样？

原因和结果、投入和产出、努力和报酬之间，本来就存在着无法解释的不平衡。如果认同了这种不平衡，并且使用得当，它将是商场制胜和个人成功的一步好棋。

如果有公司发现，百分之八十的利润来自百分之二十的顾客，它就会想方设法在百分之二十的顾客身上下功夫。这样做，不但比把注意力平均分散于所有的顾客更容易，也会更加提高效率。

而人生的这百分之二十，就是抓住你能够掌控的事情，并且把它做好。

你做了一尺高的习题，而你同桌只做了一套典型习题，掌握了解题的方法和规律，成绩竟然会比你好；你加班加点去做那重复的，无意义的工作，而你的同事只策划了一个方案，就为公司带来了巨大的收益，你如果是老板，你会不喜欢他？

所以，一切不公平的背后都是有规律可循的。就像阿紫，果断抓住可以掌控的机会，从此摆脱了自己厌倦已久的生活。

03

如果无法把握好这百分之二十的可以确定的东西，就使人判断力下降，无法做出正确的决定，或者纠结于无意义的判断。

行为经济学上有一个概念叫"决策疲劳"，意思是说，短时间内，你做出的决策越多，你的精力越疲惫，内心越不愿意再一次权衡利弊，导致你的决策越来越随意。

有经济学家发现"决策疲劳"对穷人的影响最大。美国的穷人更喜欢买垃圾食品，不仅仅是因为便宜，而且因为他们习惯每买一样东西，都要反复比价。一方面，这占用了他们的大量时间，没有精力去提高自己的判断能力；另一方面，那些频繁的、无意义的决策，使他们的大脑疲劳，无法抵御那些垃圾食品的诱惑。

同理，想想自己减肥的经历吧，在大量运动消耗了你的意志力之后，你是不是更抵挡不了冰激凌的诱惑了？总是想找机会"慰劳"自己一下，导致前功尽弃？

或者，每天想得最多的事情不是如何改变自己的现状，而是早上吃什么，中午吃什么，晚上吃什么，明天吃什么。

电影《华尔街之狼》讲了一个专门骗穷人的股票经纪人，他发现穷人在长期的消费决策中，形成了一种思维惯性——便宜的东西更有吸引力。当他们把这种思维惯性带到了投资中，就成为"垃圾股"的目标客户。

影片里有一句台词："我们把垃圾卖给垃圾人，因为钱在我们手里，总比在他们手里更能发挥价值。"这是天下骗子的心声啊。

那些富人是怎么投资的呢？在巴菲特的投资偏好中，既没有房地产，也没有互联网，前者因为不喜欢，后者因为看不懂。

这就是判断力，如猎豹一般，集中自己的有限精力，长时间地等待自己看得懂的机会，最后全力一击。

舍弃自己力所不能及的目标吧，人的欲望是无限的，但人的能力却是有限的。

超出自己实际能力的宏图大志，给人带来的不仅是力不从心的重负和壮志未酬的遗憾，更重要的是耗尽了一个人能够取得成功的能力。

其实，想改变你的现状，你只需抓住人生的这百分之二十。

那些打不倒你的，会让你变得更强大

01

米雪在一家广告公司从事文案策划工作，她写的广告创意十足，让人耳目一新，与不少知名企业都合作过。虽然只涉足广告业短短一年，但是已初露锋芒，不少品牌都点名要与米雪合作。

一次，总监让米雪负责一个护肤品牌的广告策划，米雪知道这是个很挑剔的大品牌，所以也倍加重视。

为了更好地做好这个广告，米雪花大价钱买了一套他们的招牌护肤套装，亲自试用体验，还参考了同行业的其他品牌的广告，力图找到产品的亮点和卖点。同时，还要思考如何将产品特色和品牌理念以最新颖、最容易被顾客接受的方式呈现出来。为了顺利完成任务，她常常凌晨一两点还在写文案。

一周之后，她终于将完整的文案写好交给总监，从内容到预算都写得明明白白，井井有条。总监对米雪的文案很满意，然后告诉她，从今天开始，她将被调到别的组里，跟进另一个项目。

米雪表示想将这个广告跟完再接下一个项目，可是总监说那个项目比较紧急也比较棘手，领导希望米雪能参与进去，算是对她的一种信任和锻炼。米雪也想挑战一下自己，就将这个工作交接给了小润，小润只需要将米雪的文案和其他合同汇总一下即可。

甲方对广告文案十分满意，合作很顺利。

可是事后在发放绩效奖金的时候，米雪却没有收到这笔文案的费用，找到财务一问，才发现这笔奖金算到了小润那里。

米雪很不理解地问总监，为什么自己辛苦做的策划，绩效却要算到别人的头上。总监尴尬地笑笑说："米雪啊，你这个文案做得非常好，领导和甲方都对你很欣赏，我们在合同方案上也注明了你的名字，可是后来你被调到别的组里了，是小润帮你善尾的呀，功劳她也有一份。"

"可是文案的内容是我写的，流程是我定的，预算是我做的，就算最后和甲方直接沟通的不是我，那也该算好我的一份吧？"米雪觉得很委屈，开始据理力争。

总监却神秘地对米雪说："米雪，你的能力大家都看在眼里，才工作一年就月薪过万了，很厉害，小润才来不久，收入也不高，公司也是想着能多给新人一点创造财富的机会，大家均衡一下嘛。这样吧，从这奖金里拿五百块给你，怎么样？"

五百块，米雪劳心劳累却只能拿这个项目不到五分之一的奖金，她当然很生气，这是个能者多劳、多劳多得的社会，凭什么要用自己的劳动为别人的弱小买单？

不过，事已至此，再争论反而显得自己小家子气，五百也是钱，苍蝇腿上的肉也是肉不是？米雪拿了五百块，咬咬嘴唇，走了。

那天晚上，米雪打电话说要请我吃饭，我便去了，然后就听她讲述了上面的事情。

"我就不明白了，我是靠自己的本事赚钱，为什么最后好处还是别人拿的多，小润自己写不出好的文案，拿不到绩效，和我有什么关系？为什么总监照顾她就没照顾过我？"米雪敲着手里的筷子开始吐槽。

我看着米雪那一脸委屈的样子，很认真地对她说："可是，你有没有想过，你根本不需要被照顾？"

"什么？我怎么就不需要了？我为了一个文案起早贪黑的，我……"

"强者不需要被保护。"我打断了米雪的吐槽，"只有弱者，才需要被照顾，你是强者，所以不需要。你是来保护别人的。"

米雪低下头盯着盘子，不再说话。

"你有没有想过，你工作刚满一年，做的文案已经在同行中出类拔萃，收入也超过了许多老员工，这是你自己的能力啊，你的创意，你的才华，是别人抢也抢不走的。有些人可能因为种种原因会占得一些小便宜，可是那终究不是长久之计，她能偷走你的利益，却偷不走你的创意，而你只要不断提高自己，到哪里都会做得很好。年轻人的目光还是要长远一些啊。"我继续劝诫。

"嗯，我一定要好好努力。"米雪攥紧了拳头，"再也不要过这种为几百块钱闹心的日子。"

后来，米雪更加努力地向前辈学习，向同行请教，参考各个行业的广告文案，不断提升着自己的能力，做出了一个又一个成功的文案，让很多挑剔的大牌甲方都满意称赞。后来米雪被一家更好的公司挖走，直接做了创意总监，薪水自然也是水涨船高。

米雪告诉我说，如果不是吃了那次亏，她永远不知道自己还有那么多的潜力可以挖掘，每当受到了不公平的待遇，她都会想到"强者不需要被保护"这句话，然后努力让自己更加强大，更加强大。

是的，这世界哪有什么公平可言？你只有足够强大，才能百毒不侵，百炼成钢。能力是自己的，如果你觉得不公平，就要让自己有争取公平的资格。你只有有了足够的本事，才能去制定对自己最公平的规则。

02

主持人大鹏，当年在搜狐做网络节目的主持人，有过险遭"换掉"的风波。

当时大鹏负责的节目叫《明星在线》，主要是和明星做一些访谈互动。后来，搜狐请来了一名叫李溪的女导演负责整个栏目。李溪接手后做的第一个决定就是换掉大鹏，起用别人。

她说大鹏一是形象不够好，二是东北口音太重，普通话不标准，三是没有做访谈的方法和技巧，她对大鹏的评价是："像你这个水平，在广播学院食堂买盒饭都不够资格。"

当时的大鹏还是个毫无名气的搜狐普通工作人员，自然不敢反驳，在每天都有可能被换掉的诡异气氛中，他开始想办法改变自己的处境。

为了提高节目的收视率，他想了三个方法：第一，设计明星接力问答增加粉丝的黏性；第二，发挥自己的长处，用自己的歌声来吸引观众；第三，在搜狐论坛注册"明星在线论坛"版块，与网友进行积极的互动。就在这样一点点的努力下，大鹏不但提高了节目的收视率，还为《明星在线》这个栏目留下了一批相对固定的观众。

这一切李溪都看在眼里，她再也找不到换掉大鹏的理由，对大鹏说："就是你了，我相信你会做得很好。"

当天晚上，大鹏就和朋友一起去喝酒庆祝，半醒半醉之间，他说了一句："我要捧红我自己，以后谁也别想换掉我！"

这件事使大鹏意识到了自我的重要性，是他自己让自己险些被换掉，又是他自己让自己留了下来，所以一个人必须让自己更加强大，才能对自己负责，才不会被任何人换掉。

如果生活中，有一个人想把你踩在脚下，不要以为生活错待了你。或许，还有十个人想要把你踩在脚下，只是你的实力，让他们没有机会伸出脚来。

03

当年看《中国合伙人》的时候，有一个场景让我至今难忘。

邓超饰演的精英孟晓骏出国后并不顺利，他在一家餐厅做服务员，收到的小费大部分被女领班拿走，自己看尽顾客脸色，辛苦忙碌半天却只能拿微薄的打赏。

有个老太太目睹了这一幕，她把孟晓骏叫到身边，偷偷塞给了他一张二十美元的钞票。孟晓骏从来没有拿到过这么大额的小费，连忙要还给老太。老太太坚定地握住他的手，说："年轻人，这是你应得的，你还年轻，不会永远在这里，而她，将永远会留在这里。"孟晓骏热泪盈眶，满腹感慨都化作了一句真诚的"谢谢"。

几年后，孟晓骏、程东青和王阳到美国谈判，孟晓骏带着他们去了这个当年打工的餐厅。女领班还是女领班，她对孟晓骏客气有加，而孟晓骏则变成了她的客人。

当年孟晓骏或许没有拿到他应得的报酬，甚至被女领班剥夺了应有的利益，可是正是这样不公的待遇，让他迅速成长，成为一名成功的创业人士。而那个女领班，虽然能获得一些蝇头小利，可她一辈子也只能当一个小领班。

有时候，你吃的亏，就是为提高自己的实力交的学费。不吃亏，你怎么知道自己的弱点？看不到自己的弱点，又怎么能去提高自己的实力？

人就是这样越是没有实力越爱说大话，越喜欢走一些小门路去占便宜，世界上只有没有实力的人，才整天希望别人施舍。搞小动作，永远没有真正的实力有用，你和真正的强者之间的差距，是他们把心思用在了提升实力上，而你用在了小动作上。

　　那些打不倒你的，终会让你变强。不要被眼前的蝇头小利羁绊，年轻人的目光始终要放长远。如果你不想一直吃亏下去，就好好思考一下怎么提高自己的能力吧。

你只管努力，剩下的交给时间

01

我收到过两名读者来信，其中一名读者说：

我是个高一的妹子，学习一直很努力，初中时也是名列前茅，可上了高中发现没我努力的人也比我优秀，就如我同寝室的妹子，不见她做什么作业，可她考试就比我好，究竟我付出的努力值不值？

另一名读者说：

我的化学成绩很差，后来我发愤图强，非常努力，老师也夸我进步不小，但这次月考下来成绩还是一如既往的差。我很苦恼，为什么自己那么努力却没有收到应有的效果呢。觉得努力不努力都一样。我还要不要坚持呢？

这两名读者都强调了一个主题，就是"我已经非常非常努力了，可是还是没有结果"。

我只想问，你是真的努力了还是只是以为自己真的努力了？

02

听到过很多人抱怨自己努力了却没有收获，后来才发现这种努力不过是一种错觉罢了。

记得当初我考研的时候，由于图书馆的自习室供不应求，很多考研的同学为了能有一席之地，常常早上五点钟就起床，有的甚至连脸都来不及洗就去占座，背书。晚上常常到十点钟图书馆闭馆才回寝室，回到寝室后仍挑灯夜战。

很努力对吧？按理说这么努力应该会有个好结果吧？可惜，没有。这样努力的同学基本没有考上研究生的，相反，那些看上去没那么努力的同学却都考了个不错的成绩。

曾经，我也佩服这么努力的同学，相比之下觉得自己很懒惰，于是某个清晨五点半，我硬生生地把自己从被窝里赶出来，披星戴月地奔向了图书馆。

去到之后发现已经有很多同学在背书了，我也不甘落后，抄起一本英语真题就投入到背书大军之中。可是由于早上起得太早，我没背一会儿就觉得很困了，英语单词在我眼中渐渐模糊起来。既然装不了学霸，我索性就放弃了，开始观察周围的真学霸们。

有一个女学霸，我注意她很久了，每天都早早地在大厅里背书，神态极其投入，情到浓处还会闭上眼睛回味一番，口中念念有词，我每次都害怕她会召唤来大圣之类的神兽，虽然事实证明我多虑了。

我有一个优点，就是比较谦虚好学，遇到比自己优秀的人总要去请教一番。于是那个早晨，我去搭讪了女学霸。

"同学你好，看你每天这么早来背书，还这么投入好厉害呀，我看一会儿就困了怎么办？"

女学霸也非常谦虚："哪里，其实我也困，有时候背着背着就记不住了。"

我很诧异："记不住了为什么还要坚持背下去啊？休息一下不好吗？"

女学霸叹了口气："可是我相信只要背下去，只要努力，总是会记住一点点的。"说完女学霸又去背书了。

我看着女学霸那浓浓的黑眼圈和垂到下巴的眼袋，十分感动，觉得她一定考不上。后来，听闻她果然没考上。

觉得不公平吗？觉得很委屈吗？其实辜负她的，恰恰是她的努力。

她的努力只是一种形式上的努力，也就是看上去很努力，其实只不过是时间的浪费和体力的消耗罢了。因为她的这种努力是无效的，她看似是在背书，其实什么都没有记住，还谈什么收获与结果？

在这种情况下，努力只是一种错觉。

纵观图书馆那些早出晚归的学霸们，看似是在努力地学习，其实呢——

"早起太困了，我先睡一会儿吧。"于是趴桌子上睡着，一个上午过去了。

"背不下去了，可是大家都在学习，我也不能落后。"于是假模假样地复习，其实什么也没看进去。

"学了一天好累，刷个微博吧，我可不是在偷懒，我是在看时政热点。"于是，一个晚上过去了。

如此循环往复的结果就是："天哪！我每天五点起床，十二点睡觉，我这么努力，却没考上！说好的天道酬勤呢？努力根本没用！"

其实，你的这种没有意义的"努力"，不过是在浪费生命罢了，居然也好意思把责任推到努力身上？请问你有考虑过"努力"的心情吗？

相反，那些看似不努力的同学才是真正的努力。因为他们知道劳逸结合，知道比起努力的形式，更重要的是努力的质量。他们能利用有限的时间去提高自己的效率，而不是你那样浪费生命。

03

晓琳最近一直在跟我诉苦，自己已经在现在的公司工作三年了，每天六点多醒来就去挤地铁，还常常加班到晚上十点多，已经这么努力了，却还没有升职加薪，是不是该跳槽了。

我整个人都惊呆了：这么努力的女子公司还不给升职加薪，也太过分了！跳，果断跳，不跳不是人啊！

"那你这三年都做过什么项目啊？有没有拿得出手的成果啊？这样

求职也比较方便。"我说。

"嗯,其实我也没什么成就,感觉每天都很忙,可是又不知道自己做了什么。"晓琳低头思索着。

我不解道:"那你天天加班都做什么啊?"

"就是完成每天公司布置的任务。"

"八小时工作日啊,你做不完吗?还要加班?"我很诧异。

"每天到了公司收拾一下卫生,和同事聊个天,处理一下杂事,白天就过去了,然后才会做真正的工作。"

晓琳这么一说我就了然了。她看上去每天都很努力地工作,甚至天天加班,其实不过是一种努力的错觉罢了。

她把白天的该用来工作的时候拿去做没用的事情,然后再把休息的时间用来工作,这种努力不过是一种时间上的延长,其实没有任何意义。

后来我建议晓琳不要急着跳槽,而是要学会制订计划,把每天的时间分配好,然后严格去执行。果然,晓琳再也没有向我抱怨过加班之类的事情,她提高了自己的工作效率,自己的工作能力也在渐渐提升,现在正在负责一个很有发展前途的项目。

04

我从来不相信努力没有结果,那只是你没有真的努力罢了。

真正的努力,不是形式上的做作,不是时间上的消耗,而是倾注自己的全部精力去做一件事情，那是一种发自内心的热爱，是一种"泰山崩于前而面不改色"的投入。

凡是抱怨努力没有用的人，都是在为自己的懒惰开脱；凡是怀疑努力的价值的人，都是在为自己的不努力找借口。

你所谓的努力，不过是在浪费生命！

当你真的全身心投入去做一件事情的时候，根本不会去计较努力到底有没有用，因为你除了做好它，根本无暇关注其他。

相信我，从现在开始，不要计较得失，不要急功近利，尽管踏踏实实地去做就好了。

你只管努力，其他的都交给时间，相信天道终会酬勤。

第二章

所谓成熟，是泪在打转
还能微笑

趁春光不急，趁微风不燥，趁一切还
不晚，去做你想做的，经历你想经历的，
一直努力，一直漫步在路上，这和时光又
有什么关系呢？时光不问赶路人，我们一
直在路上。

成熟取决于经历，而绝非年龄

01

我有一位前辈，女神级别的，第一次见她的时候就被她身上所散发的独特魅力迷住了。当时就想，我要是个男的，一定让她做我女朋友，这可能是我长这么大最爷儿们的念头了。

她比我大几岁，我叫她琳姐。

琳姐除了高颜值外，还有名校学历和显而易见的工作能力。在这个"没有个五年工作经验你别想着升职"的行业里，琳姐只用了两年时间就成为他们公司最年轻的部门主管，一度成为公司的风云人物。

似乎每个新上任的年轻领导都会被几个不服气的老员工各种刁难，但是琳姐没有，凡是提到琳姐，从上司到下属，从老骨干到实习生，没有一个不心悦诚服的。能做到这点，实属不易。

除了每天做本职工作外，琳姐还是专栏作者，偶尔也会写写小说，拥有几万粉丝。她的小说现在也已经准备出版了。

我曾经很羡慕地对琳姐说："女神，你就是我的榜样，我要是能在你这个年龄有你这样的成就，那就说明我的青春没白过。"

琳姐谦虚地说我过分拔高她了，并告诉我一个令我震惊的消息——她准备辞职了。

什么？我当时简直不敢相信。虽然琳姐貌美如花，可是她毕竟也二十七八岁了，这个年龄的女孩子辞职，绝对是一件很危险的事情。而且，琳姐已经做了三年主管了，有了资历，收入也挺高的，任谁都舍不得轻易抛弃这来之不易的一切吧？

我问琳姐，为什么要辞职，舍得吗？

琳姐说，我刚毕业的时候就给自己做好了几个五年规划，现在一切按计划完成，我又有什么舍不得的呢？

原来，琳姐刚工作的时候，就做好了计划，最晚三年内升职，然后做两年主管，工作五年后离职，然后继续深造。因为有了明确的目标与规划，所以琳姐工作起来很认真，也很卖力，结果提前完成了升职计划。现在，五年计划圆满完成，她决定给自己放一个长假，然后出国留学。

一个快三十岁的单身女神，敢于舍弃自己辛辛苦苦打拼来的一切，给自己来一场"盛世嘉年华"，若你，敢吗？

我一直觉得琳姐活得很潇洒，因为她从来不贪恋一些东西，能随时"断舍离"去追求自己想要的。

别人都说女人到了一定的年龄要稳定，可是她始终想为自己而活。

命运从来不是写好的剧本，不是说你到哪个年纪就一定会触发怎样的事件，不是说你只要安安静静地等着年龄的到来就一定会怎么样。一个人的生活和他的年龄真的没有太大的联系，浑浑噩噩地活着，到八十岁他也是个庸人；有理想、有计划地提升自己，即使只有二十岁，他也像一位智者。

02

我家里人经常说："赶紧找个男朋友，女孩子过了二十五岁就很难找到合适的对象了。"

每当听到这样的言论我都哭笑不得："说得好像现在就很容易找到男朋友似的。"

一些人总是喜欢拿年龄去作为参考，好像这个年龄就一定要做这件事，那个年龄就一定要做那件事，不然错过了就没有回头路一样。

其实不然。

如果说人生是不断前进的旅途，那么年龄就是这条路上的一个个指示牌。我们到了一个年龄，只能说走到了人生的一个阶段，至于这条路段上有什么风景，则是完全没有定数、不可预知的。不是说我走到了这个路段，就一定能看到月明风清、花好月圆。

每个人的道路不同，看到的风景自然也不同。可能你在这个路段没有见到别人所看到的风景，但这并不说明你就会错过或者再也无法遇见，只能说它可能在后面的旅途或者已有别的风景代替了它。

有些姑娘害怕年龄，畏惧岁月，等不到意中人的时候便听从家人的安排匆匆结婚。幸运一点的，虽体会不到爱情的甜蜜，但是日子过得倒也平静；也有运气差一点的，遇人不淑，痛苦一生。

马尔克斯在《霍乱时期的爱情》中写道：任何年龄段的女人都有她在那个年龄阶段所呈现出来的无法复制的美。她因年龄而减损的，又因性格而弥补回来，更因为勤劳赢得了更多。

世界上没有白走的路，而年龄更不应该成为你走向远方的枷锁。

03

阿念很喜欢听钢琴曲，一直想学习一下来弥补童年的遗憾。可是，她满脸担忧地问我："我现在都二十多了，学钢琴会不会太晚了？七八岁的小孩子可能都弹得比我好。"

我说："你纠结的时间都能学会一首曲子了。既然想学，那就去学啊，和年龄有什么关系，谁规定二十岁不能学钢琴？"

我们身边真是有太多阿念一样的人了，做一件事情前，不是思考如何更好地完成它，而是在担心"行不行""会不会""可不可以"。这有什么意义呢？

蔡康永说过一段金句：十五岁觉得游泳难，放弃游泳，到十八岁遇到一个你喜欢的人约你去游泳，你只好说"我不会啊"。十八岁觉得英文难，放弃英文，二十八岁出现一个很棒但要会英文的工作，你只好说"我不会啊"。人生前期越嫌麻烦，后来就越可能错过让你心动的风景。

同理，你二十岁的时候觉得学钢琴太晚了，不去学了，等你到三十岁的时候，除了增长了十岁，其他毫无改变，你依旧只能羡慕别人的琴声。但是，如果你在二十岁的时候下定决心学会它，那么不用到三十岁，你就能弹出悦耳的音符了。

成熟取决于经历，而绝非年龄。

趁春光不急，趁微风不燥，趁一切还不晚，去做你想做的，经历你想经历的，一直努力，一直漫步在路上，这和时光又有什么关系呢？

时光不问赶路人，我们一直在路上。

唯有坚持，不负青春

01

下个月，我有三个朋友即将离开北京去别处工作。原因无非是首都的生活成本太高，看不到未来的方向。

不要说他们懦弱，也不要说他们苟且，他们也曾高呼"诗和远方"，也曾愿意为梦想而流浪他乡。可是在现实面前，再热的鸡血和鸡汤都敌不过一场"月光"。

那些年，我们刚刚走出校园，一脸稚气却故作老成；

那些年，我们没有经验，以为努力就能收获一切；

那些年，我们把委屈藏在心里，把笑容画在脸上；

那些年，我们在小小的心里装着大大的梦，憧憬功成名就的某天；

那些年，我们没有钱。

是的，我们没有钱。我们做着看似体面的工作，拿着貌似可观的工资，然后偷偷算计着每一份开销，在别人羡慕的眼光中藏起自己的神伤。

城市太大，没有谁能听见谁的心声，大家都掬着一把辛酸泪，把所有的呐喊湮没在地铁的呼啸声中。

可是，我们依然留在这里。

02

有天晚上，我在小区的健身区锻炼身体，看见一个骑着三轮车的黑影火急火燎地冲过来，好像嘴里还说着什么。

我心里一惊：该不会遇到拐卖妇女儿童的了吧！正想着该怎么逃走的时候，我听到黑影说："妈，你放心吧，我在这里挺好的，我正在健身房呢！"

黑影从三轮车上下来，我借着灯光一看，大概是个外来务工的年轻人。他擦着头上的汗，急匆匆地跳上一个踏步器，踏步器发出吱吱呀呀的声音。年轻人对着电话说："你听见了吗，妈？你听我正在健身呢！都挺好的，我挂了啊！"

不知道电话那头又说了什么，小伙子嗯嗯地答应着。挂了电话之后，他又匆匆踏上三轮车，急急忙忙地转身走了，三轮车咣咣的声音回荡在寂静的夜里。

我不知道这个年轻人有着怎样的经历，从事着什么样的工作，但是今夜，我作为一个陌生的旁观者，为这个小小的谎言而感到五味杂陈。

03

2016 年的六月，我悄悄开起了公众号。

由于刚刚起步，粉丝数量有限，阅读量并不是非常可观。我不好意思找朋友圈里的公号大 V 们帮我推广，而且我觉得也没有人会愿意帮我推广，毕竟所谓的"情谊"也需要某种程度上的"势均力敌"。

但我依然想把公号做起来，所以不管再忙，我都会挤出时间写一写，尽量保持每日更新，我以为只要更新就会有更多的人看。

可是，某天下午我意外得知，原来公号的推广也是一门生意，是需要付费的，就像广告一样。

一时间突然觉得好无力，原来还是我太年轻。

我发消息给小左："原来公众号的推广是需要付费的，我觉得做公号好难。"

小左回复道："那你付点广告费吧，毕竟推广出去了才能有更大的发展。"

我心中一阵不爽，"没钱。"便把手机丢到了一边，整个下午都在郁闷中度过。

原来我每天坚持写字，都比不过甩几张钞票的效果来得快，可是我没钱。

"你管什么推不推广，只要写下去就好了啊。"小左又发来一条消息。

我盯着屏幕看了半天，觉得也是，除了继续写下去我还能做什么呢？毕竟我是一个没钱买推广却又想能让更多人看到我的文章的人。

04

那些年我们没钱，却依然在这车水马龙的城市坚持着自己一点点的执念。

可能有人会问，没有钱为什么还非要待在大城市，为什么不回家过安稳的日子？何必自讨苦吃？

因为这里有机遇和希望。

或许有一天，离开这里的朋友会重新杀回来站在 CBD 的门口；或许有一天那个骑三轮车的小伙子真的会在健身房里锻炼；或许有一天，我真的会有自己的作品问世；或许有一天，你会发现没有钱真的不算什么。

只要你坚持下去，总会出现转机。

突然想起前段时间火遍网络的一段话：

"大圣，此去欲何？"

"踏南天，碎凌霄。"

"若一去不回……"

"便一去不回！"

浮躁的世界，愿你活得刚刚好

01

最近工作一直很忙，连续长期的加班让我有些吃不消。有一天我终于承受不住内心的煎熬，去骚扰桃小姐。于是就有了下面一段对话：

"你觉得我最近好吗？"

"不好吧，你怎么了？"

"你怎么知道我最近不好的？"

"因为你好久不发自拍了啊！"

我竟无言以对，但是好像也没有觉得哪里不对，总不能说"请问哪位同学需要看脸吗？黑眼圈扩散到下巴 P 都 P 不掉的那种哦"吧？

于是我就开始声泪俱下地诉说最近的压力，工作的忙碌和各种生活中的"一地鸡毛"。

桃小姐淡定地听完，优雅地喝了口水，回应："你是智障吗？"

什么？我真是从未听到过如此安慰呢。

桃小姐接着说："我觉得活着快乐最重要了，我决定以后找一份清闲的工作，这样可以做自己喜欢的事情。"

"那你喜欢做什么？"

"追剧，玩游戏，拼图，逛街，看电影，跑步。大概这些事都和工作没什么关系，也没啥进步，但是我喜欢。我生命的中心是家人，朋友，男朋友，是生活，工作只是有事可做，为了不无聊而已，只是赚点零花钱。"

"我怎么感觉听上去那么玄幻呢？"我小心翼翼地问了一句，因为我觉得这种生活距离我好远。

"所以我说你是个智障啊，能做好就做好，做不好就混过去，有出息是好事，但是不要为了这些倾注全部的精力。"桃小姐吹着刚做好的指甲，一切都是刚刚好的样子，在她面前我觉得自己像个苦哈哈的擦鞋小妹。

"那你有什么特别想做的职业吗？"我继续问。

"大学老师吧。"

"如果做不成呢？"

"那就找份清闲的工作，过自己理想的生活。"

"嗯。挺好的。"

我不知道该说些什么，敷衍着结束了这段对话。因为我知道，自己永远不可能过得像她那么潇洒。

02

我一直觉得，人来这世上走一遭，还是应该有点追求，实现点人生价值的，如果往大了说，要是能为这个世界留下点什么那是更好的。所以，我从小到大都活得像一碗鸡汤——努力，上进，追求完美。因此，"混"这个字，在我这里是不存在的。在决定做一件事情之前，我总会努力考虑各种情况，制订各种计划，力求找到最佳方案。

可是这样确实会比较累。因为追求是无止境的，而思维和能力又永远滞后于想法，以至于一件事如果没有达到预期效果，我会因此自责、失落，恍然若失很久很久。这让我错失了许多本该轻松愉快的美好时光。

于是我开始反思自己，这种行为是不是真的对自己太过"刻薄"，其实我也想过轻松加愉快的理想生活啊。

我也想逛街吃饭刷淘宝啊。

我也想今天青海拉萨明天尼日利亚啊。

我为什么不在最好的青春里"诗酒趁年华"而是天天对着电脑码字？

正当三观开始动摇的时候，我遇到了一位老司机。

03

老司机不是真正的司机，他是一位编剧。之所以称他为老司机，是因为他的人生阅历太过丰富。

我问老司机："我看你天天忙得跟 2.0 版的陀螺似的，你活得快乐吗？"

老司机整理了一下衣袖，呷呷嘴道："嗯，还好吧。"

"那你怎么看人为了理想的生活而敷衍当下的生活这种观点？"

老司机拍拍裤脚，跷个二郎腿："那我给你讲讲我自己吧。"

老司机在 2008 年跨过滚滚长江来到首都，从此开始了他的"北漂"生涯。

在成为一枚优雅的编剧之前，他做过报社记者，跟过各种剧组，也曾在编辑出版行业潇洒走一回。可是不管职业怎么换，有两件事是永恒不变的：一是吃不完的泡面，二是塞不满的钱包。

老司机当年还是一名血气方刚的小伙子，纵使生活虐他千百遍，他亦小心翼翼地怀揣着自己的编剧梦。每天白天各种奔波忙工作，晚上回到小小的出租屋里就开始就着泡面写剧本。这样的生活一过就是五年。

终于，在 2013 年的时候，老司机迎来了人生的转机——他的剧本被导演相中，拍成了电视剧并由当红一线男星出演了主角，在央视播出。

从此，老司机告别了"泡面时代"，成了吃着火锅唱着歌的有钱人。

他果断辞掉了自己的工作，过起了自己当初理想的生活：每天开心了就码码字，写写剧本，更开心了就学学烹饪，看看电影，逛逛街。

一开始他觉得生活是如此惬意，以前那忙碌的生活仿佛垃圾一样恶心。可是三个月过后他突然感觉自己好像被世界抛弃了：约朋友，朋友忙着上班；看电影，自己"被包场"；就连逛街买东西不用排队都觉得不适应了。以前心心念念的理想生活突然变得如此乏味。

于是他又找了一份工作，开始了既可朝九晚五，又可码字插花的生活。

"人一定要把握好自己生活的节奏，要找准一个度。比如，我给自己规定每天写四千字，如果我把标准降低为两千字，我会活得比较安逸，但是会闲得让我不太舒服；如果我把标准提高为六千字，我也完全可以做到，但是那样会比较累，所以最好的状态其实是五千字，比自己的能力多一点点，又不会觉得太累。"

老司机现在的日子过得如鱼得水，张弛有度。

04

其实，哪有什么理想的生活，不过是人在一种状态时对另一种状态的想象罢了。

当你觉得过得疲惫的时候，清闲是你理想的生活；当你觉得过得舒适的时候，忙碌又成了你的向往；正如人总是觉得得不到的东西才是最好的，同样，也觉得过不上的生活才是最理想的。

可是，你是真的喜欢你所谓的理想生活吗？还是只是对当前不满意的生活的一种排斥？

正如老司机所说，人一定要把握好自己生活的节奏，要找准一个度。

倾注全部精力在一件事上，会使人疲惫不堪；浑浑噩噩敷衍着做事，又会使人百无聊赖。

我们要做的，是找到自己最理想的状态，而不是最理想的生活，不过，一旦找到了最理想的状态，哪一天又不是最理想的生活呢？

现在，我依然会努力地工作，依然承受着一定的压力，可是我也会跑步、码字，和朋友们把酒言欢。我的世界不大不小，温暖自己却刚刚好。

挣扎的过程正如蝴蝶需要成长的过程，你让它舒服了，可是未来它却没有力量去面对生命中更多的挑战，所以，与其把时间浪费在思索要过什么样的生活上，倒不如在每天的生活中找准自己的节奏，把追逐成长的过程变成适应成长的过程。

愿你找到最理想的自己。

你可能永远等不来合适的时机

01

艾小姐曾兴奋地告诉我她想学插画，并买好了教材、素描本和各种型号的笔，一副"万事俱备只欠上手"的架势。同为美术爱好者的我瞬间被撩燃："好啊好啊，学学学！"

艾小姐天资聪颖，不管学什么都上手得很快，上学时是班里的"扛把子"，工作之后也是老板最器重的"宝宝"。所以，我觉得，以她的能力，用不了多久便可立足于插画界，我甚至已经洗好了手准备抱她的大腿。

后来，我问艾小姐的"艺术造诣"到了哪个阶段，艾小姐叹口气道："唉，每天工作忙到死，好不容易到了周末就想赖在床上什么都不想干了……"

"所以？"

"所以我还没开始学，那堆东西早就不知道丢到哪里去了，等我有空再说吧。"

再后来，每当看到漂亮的画，她还是会分享给我并激动地说："这个风格的画好漂亮，等我有空了一定要学！"

然而，至今艾小姐都没有学插画。

艾小姐并不是真的忙，她依然有时间刷微博、追剧、逛街。她只是觉得只有等到有一个完整的空闲时间的时候，才可以去学习画画。

可是，对于工作的人来讲，哪有这样的时间呢？

02

我又何尝不是这个样子？

上学的时候，我也想学好多东西，可是又觉得每天上课和工作就很累了，不如等寒暑假再学吧。

于是，每当寒暑假来临前的一个月，就畅想自己的假期生活：我要进步！我要提高！我要充电！我要读书！我要健身！我学古筝！我要学油画！等等等等。总之，就是一种打满了鸡血"我要上天，我要和太阳肩并肩"的感觉。

可是假期生活开始的第一周，"唉，上学好累，朕回家舟车劳顿，需好生休养一番，其他事再议吧！"

第二周，"约饭吗？""走走走！""逛街吗？""走走走！""看电影去啊！""走走走！"……我真是没想到自己还有行动力这么强的时候呢。

第三周，基本就是"天好热（冷），朕龙体欠安，还是在家里待着吧"。

第四周，"居然开学了！假期好短，这些东西只能等下个假期再学了。"

不要问我下个假期会怎么样，我只能告诉你"历史总是惊人的相似"。

我一直都在等，等一段合适的，清闲的时光去做某件事，以为这样才能集中精力，才能安心去做，然而事实是这样的时机永远都不会来。

03

前段时间有好多朋友问我怎么不开公众号，我一时不知道怎么回答，就说等我有时间写一写，现在文章不够，估计开了也很难更新。就这样等呀等呀，一个月过后，周围的朋友都将公号做起来了，我还是没开公众号。我心里也着急啊，就这样安慰自己：等我有时间，一定开起来。

后来由于工作的关系，我结识了一些年龄相仿的公号写手，他们许多都还在读大学，却已经是公号大 V 了。我向他们吐槽："每天都好忙，没有时间做公号，真羡慕你们这些学生，有大把的时间可以造作。"可是他们的回答是，每天在学校也有很多事情要处理，有的还要准备考试、毕业论文、答辩等，经常都是半夜一两点才有时间去写公号。

看，这就是差距。

高效的人总是能利用生活中琐碎的时间去完成一件事，而低效的人却总是在等一个合适的时间才想做某件事。

讽刺的是，一直在等待时机的我却在最忙碌、事情最多的时候，将公众号开起来了。

04

曾经，《等风来》里的一段话被许多年轻人奉为座右铭："不管你有多着急，或者你有多害怕，我们现在都不能往前冲，冲出去也没用，飞不起来的。现在的我们只需要静静地等风来。"

于是，许多人拿等待来作为自己失败的借口：我之所以一事无成，是因为我没有等到合适的时机；我之所以没有对象，是因为我没有等到合适的人；我之所以没有钱，是因为我没有等到合适的商机……

那么，我告诉你，你可能永远等不来合适的时机。所有的等待，不过是懒惰的借口！

《饮食男女》里有一句话让我豁然开朗："人生不能像做菜，把所有的料都准备好了再下锅。"

生活就是洪湖水浪打浪，一浪胜过另一浪。

你永远不知道这件事情处理完之后会有什么样的事情接踵而至，你以为会有的空闲时间真的只是你以为。

所以，不要再为自己的懒惰找借口，也不要再去等待所谓的合适的时机，想做什么就立刻去行动，只要开始了第一步，后边的事情都会水到渠成。

　　去做想做的事，去见想见的人，趁阳光正好，趁微风不燥，趁我们还年轻，趁一切都还来得及。

　　成长不必等风来，成长从不等风来。只要跑起来，就会有风来。

　　最好的时机，就是现在。

凡事不将就，才是对生活的不辜负

01

有一天，我和王姑娘一起去吃朝鲜冷面。

我说旁边新开了一家正宗的韩国餐厅，里面的冷面听说不错，但是稍微贵一些，大概二十五元一份。

王姑娘说自己现在资金比较紧张，去普通面馆吃吧，十五元一份。

我们就去了普通面馆，结果那家的冷面非常难吃，是"我给你钱，求你别让我吃了"的那种难吃。然后我们去了别的餐厅，重新点了餐，花了三十多元。

看，原本我们是想吃冷面，还想省一点钱，结果却是花了更多的钱还吃得不开心，搞得自己满腹委屈。如果当时直接去吃口碑好的那一家，虽然多花一点钱，但是可能会吃得很开心。

其实，这种委屈一时，难过一天的事情比比皆是。

02

一次，我在某专卖店看中了一件衣服，穿上美丽大方得体，服务员说是为我量身定做的，我自己也觉得穿上后好像自带光环。

我想买下来，可是偷偷瞥了一下价格——呵呵，半个月的工资。于是面露难色地说："感觉不是很好看，我们再去别家看看吧。"

回家后，我立刻登录了某网去找这个品牌的网店——没有，找代购——也没有。可是真的好喜欢，怎么办？找同款啊！于是我搜遍某网，还真找到了相似的衣服，价格也是白菜价，买买买！

几天后货到了，我兴冲冲地打开一看……虽然款式相似，但是做工、面料、尺寸以及效果真的不忍直视。于是，我纠结了半天，还是去专卖店买了那件衣服。

我贪图便宜委屈自己的代价就是多花了白菜价，买了件没用的衣服，还惹得自己郁闷了好久。

03

赵小姐曾经在某媒体公司上班。

由于她所在的部门工作量大，人手又不够，再加上她是新人，所以很多老同事喜欢把一些琐碎的事情交给她做，导致赵小姐的工作量骤然增加，常常连续加班到凌晨。

赵小姐向我诉苦，觉得自己白白做那么多事情，耽误时间和休息，非常委屈。

我安慰她说，没事，就当是学习，提高工作水平，增长经验。

可是赵小姐说，不过是向电脑里录入一些文件，帮别人排一下广告的版式等等，都是费时费力但是没什么技术含量的活儿，而且这些事情根本不在她的业务范围。

"那你为什么不拒绝一下，或者提一下意见呢？何必把自己搞着这么满腹委屈。"我问道。

"可是我不好意思提出来啊，而且也不是什么大事，唉，先这么干着吧。"

前段时间，赵小姐告诉我她辞职了，原因是某天熬夜帮同事排广告的时候一个不小心把内容放错了，结果广告商大怒，要求赔付违约金。赵小姐承担不起这个责任，于是选择了主动辞职。

这件事情本身和赵小姐无关，她承受着压力和委屈帮别人做事，本该受到同事的感谢，结果出了问题要自己承担后果，还丢了工作，同事却什么责任都不用承担。

04

小时候，我们总是被教导要学会乐于助人，要学会付出不求回报，要发扬"雷锋精神"，宁愿让自己委屈一点，也不能厚着脸皮开口说出自己的需求和想要的回报。

长大后我们才发现，哭的不一定是最委屈的，而那个沉默着的、不去辩解的人才是最委屈的，因为她不屑辩解，永远想把自己最坚强的一面留给别人，而委屈只留给自己承受，哭只留给自己听。

为什么你总是感叹做好人难？

为什么你总是觉得自己出力不讨好？

为什么你总是觉得天底下最无奈的人是自己？

其实，事实是委屈自己终将吃更大的亏。

因为你在委屈自己做一件不想做的事情的同时，本身就充满了排斥感，所以不管这件事的结果如何，你潜意识里都不会感到满意。同样，能让你将就的东西估计本身也不怎么样吧。

你心不甘情不愿地去做一件自己不喜欢的事，浪费了时间、金钱、感情和精力，结果也是差强人意，那么这件事还有多大的意义呢？

所以说，不如按照自己的本心来，去做想做的事，去买想买的东西，一旦决定，就不后悔，一旦选择，就不要将就。

你要相信，自己主动去选择的东西永远不会错。

　　因为你喜欢它，所以你就会带着十二分的劲头去完成它，因为你喜欢它，所以即使它并不那么适合你，你也不会感到失落。从某种程度上讲，"喜欢就买，不行就分，多喝热水，重启试试"这四大准则也不是没有道理。

　　做一个干脆利落的人吧，不纠结，不委屈，不妥协，相信这样的你，会快乐很多。

真正的关心，从不是用言语伤人

01

我把王小板拉黑了。

她问我最近在忙什么，我说一直在写文章，想出本自己的书。

她说："你简直活得太不切实际了，别做梦了！"

她问我工作忙不忙，我说最近经常加班。

她说："你挣那点工资够养活自己的吗？有时间还不如找个男朋友，一把年纪了也不知道着急，再过几年就嫁不出去了！"

她问我现在住在哪，我说公司附近，房租很贵，买房更难。

她说："真不敢相信，你居然还考虑买房！女孩子只要找个有钱的老公就行了，你是不是傻？我这是关心你，别人我都懒得说她！"

呵呵，我谢谢你的关心，你还是把心留给自己关着吧。然后我就把她拉黑了。

你别说我玻璃心，王小板这不是第一次以"关心"的名义给别人添堵了。

有一次，大家一起去逛街，张小薇试穿了一件略显成熟的衣服，问我们意见，我们都委婉地告诉她有点不符合她的年龄，王小板直接扯着嗓子喊了一句："张小薇，这件衣服你可以直接拿回家给你妈穿了！"

李小欧试穿了一件短裙，刚从试衣间出来，王小板就哈哈大笑着说："李小欧你将来能生个儿子！"

我们都不太能理解为什么她突然来这么一句。

王小板接着说："屁股大的生儿子啊！你说你腿那么粗，还敢穿短裙！"

一下搞得李小欧脸上挂不住了，一言不发地回试衣间换了衣服，我们几个和服务员一起呼吸着同一片尴尬的空气。

从那以后，大家出去玩都不会再叫王小板了。

前段时间，小安和男朋友大吵了一架，想分手，我们纷纷安慰小安。结果王小板说："就你长这样，分手后确定能找得到下家吗？"我们把王小板批判了一番，她还十分委屈地说："我这是关心小安啊，为她好还有错了？"

王小板总是嘴上说着"我为你好"，但是实际上却不遗余力地往别人心里插一把刀。

这不是关心，仅仅是嘴贱而已。

02

邻居隔壁老王也是个爱操心的主儿。

上个月，高考成绩陆续出来了，楼上小明的成绩不是很理想，只能上个普通二本，在考虑要不要复读。

老王听说了，就安慰小明说："以你的成绩，能上个二本就不错了，再复习一年也不见得有提高，说不定还不如现在呢！我儿子当年也想复习来着，我就没同意，让他去上了，虽说山大比清华北大差了一些，但好歹也是个985。我这都是为你好，不让你浪费青春。"

小明被说得一阵脸红，眼泪都快掉下来了。几经挣扎，最后还是选择了去复读，但是老王的话让他一直压力很大。

楼下的小宋毕了业之后没有找到合适的工作，准备出国深造。老王听说了，又去关心小宋。

他说："小宋啊，你毕业了不好好找份工作，还天天想着去国外读书，一分钱不挣还花你爸妈的钱，你还是安心在家里找份工作吧，我看那个辅导班还招老师呢。我儿子啊，每个月工资都上万，还给我打生活费。我这都是为你，也是为你父母着想啊。"

小宋被说得无地自容，开始怀疑自己的人生。结果在父母的支持下，还是出国了，不过她总觉得心里有负罪感。

前几天我回了趟家，结果出门就遇到了隔壁老王，躲是躲不过去了，只能聆听老王的教导："你这么大了怎么还没找个对象啊，我闺女都谈了两年了，小伙子很不错！你说你怎么还不上点心啊！我这可都是为你好。"

我连忙满脸堆笑点头哈腰："是是是，谢谢您的关心！"内心早已腹诽一万次：你要是真为我好你倒是把你那不错的准女婿介绍给我啊。

老王的出发点或许真的是出于好意，但是他这种表达方式却让人感受不到任何的关心，反而会影响听者的心情。这种"哪壶不开提哪壶"的关心，很大程度上只是为了满足他们自身的优越感，说嘴贱真是一点都不为过。

03

生活中，这种打着"关心"的旗号对别人指指点点的事情比比皆是，明明是损人的行为，非要包装上一层冠冕堂皇的理由，不管给别人心上捅了多少刀，仿佛只要一句"我这是为你好"就可以一笔勾销。

不知从什么时候起，嘴贱和毒舌似乎变成了一种潮流，人们喜欢用一种尖酸刻薄的语气嘲讽他人，以彰显自己的机智与幽默，其实这只是情商低、没脑子的表现而已。

幽默的人总是提醒自己不要嘴贱，而嘴贱的人总是认为自己很幽默。嘴贱最大的一个特点是喜欢用别人的痛处当笑料，而幽默最大的特点则是解救别人于尴尬之中。

明明是一句挺好的话，为什么非要夹枪带棒地表达出来？真正的关心是站在对方的角度去思考，去设身处地地体谅对方，不是自以为机智地在别人伤口上撒盐。

别说"我这个人就是心直口快，你别介意啊"，那我给你一刀说"不好意思，我这个人就是行动力强，你别往心里去啊"，你能答应吗？

直率、情商低和嘴贱是三个完全不同的概念，过了十八岁再强调自己说话直，就是向他人宣告你自己是个傻子啊！

如果你是真的为他人好，就要学会尊重别人。记住，关心是克制，而嘴贱，是放肆。

把不咸不淡的生活过得精彩

01

最近有很多人问我："西风，我不喜欢现在的工作，可是又不知道换什么工作比较好，怎么办？"

我一般是不支持随便换工作的，因为不论哪个行业，工作给人带来的都是规律与压力，而不是轻松与欢喜。所以，如果你是因为当前工作的内容、压力、时间或者人际关系等方面因素而换工作，那么你的下一份工作依旧会面临类似的困扰。每个行业的工作不过是在同样的框架里编织不同的花纹罢了。

我的学姐栗子毕业后去了一家国内知名的出版机构工作，知名国企，又有高薪和补贴，我们当时都羡慕坏了。

栗子做的是教辅图书的编辑，对能力要求比较高，既要熟悉所负责科目的基础知识，从书山题海中挖掘最有用的信息，又要掌握编辑最基础的工作流程。

栗子刚开始的时候还是满腔热血，每一个题目都要精挑细选，每一页都仔细排版、校对。然而半年过后，她就渐渐厌倦了这一成不变的工作流程，动起了跳槽的念头。

有一天，她对我说："西风，我好羡慕你杂志编辑的工作啊，每天的工作就是看文章，一定对提升自己很有帮助吧，还有机会认识那么多作者，不像我，天天跟一堆高考题打交道，太没有意义了。我也想去杂志社工作。"

我顿时浑身上下都写满了尴尬，因为在这以前我还羡慕栗子每天悠闲地翻翻高考题就可以了。而我，每天的工作虽然是看文章，找文章，可是这和自己闲暇读书是有很大区别的，工作可不允许你边品着铁观音边回味一篇文章，它要求你以最快最精准的速度从几万篇文章中挑选出几篇最符合要求的，这本身就是个需要脑力的技术活儿。

我们总是把别人的工作想象的很简单，把自己的工作压力无形中放大，总觉得别人的工作比自己轻松，却不知道别人或许也正这样羡慕着你。

后来，栗子还是换了工作，如愿去了一家报社，干起了她曾无比羡慕的"每天看看文章"的活儿。可是才工作了不到一个月，她就体会到找文章的不易，反而又开始怀念起以前研究高考题的悠闲生活了。她曾说过看高考题让她觉得自己永远十八岁。

其实我们总是这样，以为得不到的才是最好的，于是放弃已经拥有的美好，去攀登那未知的山峰，可当到了顶峰后才发现，原来是"风景这边独好"。

想要度过一个充实的人生，只有两种选择。一种是从事自己喜欢的工作，另一种是让自己喜欢上现在的工作。能够碰上自己喜欢的工作，这种概率恐怕不足千分之一。所以，与其寻找自己喜欢的工作，不如先喜欢上自己已有的工作，从这里开始，积累你的人生。

02

思宇曾经在一家中日合资企业做翻译，每天要把日文材料翻译成中文，偶尔出席洽谈会议，保持着新闻中安静地坐在领导斜后方口中念念有词的黑衣女子的形象。本来这个工作是很多人向往的，待遇高又体面，她自己也明白，可是她最终还是跳槽去了一家金融公司，理由是股市潜力大，有商机。

前几年股市行情好，思宇确实赚了一大笔雪花银，可是近两年股市呈萎靡之势，思宇见行情不对，当即辞了工作。

每天看老板脸色太让人不爽了，干脆自己做老板吧。于是，思宇用前几年炒股赚来的钱开了一家服装公司。

虽然有过企业公司的工作经验，但是毕竟没有实战经历，她事必躬亲，每天累得像狗一样，可是公司还是关门大吉，赔得血本无归。

思宇觉得自己创业太难了，还是老老实实上班吧，于是应聘到了一家规模较小的出版社上班。由于每天和作者们接触，她又开始羡慕作者们这种自由工作者的生活，觉得朝九晚五的生活太没劲了，还是在家里轻轻松松地专心写作比较爽，出了书还能名利双收。

于是她又把工作辞掉了，信誓旦旦要在家写书。憋了一个月后，文章没写几篇，倒是快把自己逼疯了。没有了工作时间的束缚，思宇的生活变得一团糟。作息不规律，饮食无节制。原本以为二十四小时的自由支配时间可以做很多自己感兴趣的事，然而事实是吃了很多没用的零食，刷了很多无聊的微博。刷微博的时候她发现了很多网红晒照片博得了很高的人气，想着自己的颜值也不低，为什么不让世人见识到自己的美呢？

上个月，思宇又拎着简历去一家电视台应聘外景主持人，结果失败了。HR觉得思宇的外形条件和综合素质是不错，但是没有相关的经验，而且频繁在不同领域换工作，却没有在一个领域有资深经验，没有定性。

经过这次面试失败，快三十岁的思宇突然迷茫了，她开始反思这么多年来的工作经历到底给自己带来了什么。

在兴趣领域，什么都了解一点，什么都会一点，叫有生活情趣；但是在工作领域，什么都涉猎但是却没有一项深入研究过，叫归零。

工作最重要的目的在于通过工作来磨炼自己的心志，提高自己的人格。只有通过长时间不懈地工作，磨砺了心志，才会有厚重的人格，在浮躁的生活中沉稳而坚定。三心二意，好高骛远的人，只能在生活中随波逐流，最后被时代的浪潮冲走。

03

也有人问过我："西风，你喜欢你现在的工作吗？"

虽然我现在从事的工作正是我当初所向往的，但是时间一长难免也有厌倦的时候。

有段时间连续加班了近乎一周，搞得我身心疲惫，整个人也陷入了深深的迷茫。我问同事海涛："你说，我们现在的工作也是天天对着电脑，在公司和家之间两点一线地往返，这和回家做个公务员有什么区别啊？"我当初就是因为不想过安稳的一眼望到头的生活才毅然来首都的，可是这一成不变的工作模式让我失去了新鲜感，渐渐找不到坚持的意义。

可是海涛的一句话让我醍醐灌顶。他说："可是每项工作进入了一个稳定的时期后，不都有它固定的模式和规律吗？"

真的好有道理，我竟无言以对。

每一项工作都有固定的流程，今天你觉得这项工作很乏味，明天你换了新的工作，依然会觉得乏味，你永远都找不到一个充满变化，时时刻刻带给你新鲜感的工作。

然而，所谓人生，归根结底，不就是一瞬间、一瞬间地持续积累吗？每一秒钟的积累成为今天这一天，每一天的积累成为一年，每一年的积累成为人的一生。那些令人惊叹的伟业，实际上都是同一个过程反复积累的结果啊。

　　或许，我们小时候曾经憧憬过这样那样的工作，向往这样那样的生活，可是后来才发现，多的是我们无法掌握的事。

　　换工作不能解决工作本身给你带来的困扰，而你也可能永远无法找到称心如意的工作。即使你讨厌现在的工作，但是还要不得不努力工作，在这个过程中，你的心灵已经得到了锤炼，能力已经得到了提升，这一点一滴都是你抓住人生幸福的契机啊。

　　所以，不要把烦恼归结于你现在的工作了，烦恼来源于你自身而并非工作。与其纠结要不要换工作，倒不如像韩寒说的那样：把不忙不闲的工作做得出色，把不咸不淡的生活过得精彩。

当你学会沉默，成熟才刚刚开始

01

回家的时候，我在一家专卖店结识了导购晓敏。

我们是在我结账快走人的时候攀谈起来的。她说过两天会来一批新款，她会帮我留几件适合我穿的衣服。我忙说："不用不用，我明天就要回北京工作了。"

"你在北京工作啊？真厉害。"晓敏无比羡慕地看着我。

我苦笑道："其实在哪里都一样啦，都是一样搬砖挣钱嘛。"

"那不一样啊，你在大城市肯定见识经历和我们不一样，年轻的时候还是应该在大城市生活一阵子的。"晓敏很认真地说。

这让我有些惊讶，觉得晓敏和其他安于现状的导购不一样，她的身上有一种呼之欲出的野心，那双灼灼发光的眼睛告诉我，她不应该被这小小的柜台束缚。

临走时，晓敏要了我的联系方式，一向不加陌生人的我竟然同意了。大概是这个姑娘引起了我的好奇心吧。

后来经过一段时间的交流，我对晓敏也有了一些了解。原来晓敏不是中途辍学出来打工的小姑娘，她是一名大学生，虽然学校不怎么好，可也是正规本科毕业。毕业后她原本打算留在省会城市工作，可因为是家中独女，父母不舍她一人留在外地，于是千呼万唤召回了家乡。

县城工作机会少，她的专业也不对口，几经转折没有找到合适的工作，只好来到这家专卖店做导购。可是她自己不甘心，于是悄悄买了公务员考试的复习资料，准备国考。

"县城不比大城市机会多，只有考上公务员或者进入事业单位，别人才会看得起你，所以我一定要考上公务员，我不想一辈子就这样过去。"晓敏曾这样告诉过我。

02

为了改变自己的命运，晓敏将全部精力都投入到备考上。工作时间不让看书，她就把知识点抄到一张张小纸条上面，压在单据下，生意不忙的时候就抽出来看一看。

中午的时候，大家都趁午饭时间出去溜达溜达，释放一下压抑的身心，晓敏为了节省时间复习，经常叫外卖，自己边吃饭边看做过的习题。休假的时候也不和同事们一起出去玩了，而是自己在家里复习。

时间一长，晓敏有点脱离组织了，同事们也开始议论纷纷，说晓敏自不量力，一个小售货员还想考公务员，还是国家公务员，简直是脑子被门挤了。

有一次，一个同事让晓敏帮自己值半天的班，晓敏还没开口说话呢，其他同事就酸溜溜地来了一句："你可别耽误晓敏复习，人家可是要当公务员呢。"这种不阴不阳的话就像一根根无影针，钻到晓敏的身体里，将她扎得体无完肤却又找不到伤口。

与此同时，家里的人也没能为她塑造避风的港湾。无知的亲戚们常常给她敲警钟："晓敏啊，女孩子有个工作就不错啦，花那么多时间准备什么考试，还不如多用点心找个对象呢。"她的父母也常常"不经意"地提点她，她的同学们孩子都会走路了。

对于这些冷嘲热讽，晓敏垂下眼睑，抿紧了嘴唇，一句话都没有回应，一个字都没有反驳。她变得越来越沉默，将一切波动的情绪化作一股无声的力量：做下去，不论如何我都要做下去。

在离考试还有一个多月的时候，晓敏终于崩溃了。她在寒冷的冬夜里给我打了一通电话，她说："西风，我害怕了，我怕自己真的像他们说的那样是自不量力，我怕自己考不上。"

我知道，晓敏其实已经做好了准备，她的担心，不过是黎明前对黑暗的恐惧，她所需要的只是静静地等待太阳升起的那一刻。

"晓敏，不要去管别人怎么评价你，燕雀安知鸿鹄之志？他们越不相信你，你就越要证明给他们看，一路不易，要坚持。"我告诉晓敏。我知道这些道理她都懂，只不过同样的话从别人嘴里说出来，往往更有一点说服力罢了。

晓敏只回了一个字："好。"

之后我的工作也渐渐忙了起来，两人也鲜有联系了。

直到前两月，我收到了晓敏的信息，她说国考面试通过了。

我说："恭喜。"其实在她那通电话之前，我就知道结果一定是这样。

只要你做了足够的努力，收获不过是一个时间问题。

03

晓敏考上后，同事和亲戚们又开始议论纷纷，有人说晓敏一看就是个人才，考上是早晚的事；有人说羡慕晓敏运气好；也有人说晓敏这么普通的女孩子，考上八成是走后门了。评论杂七杂八，唯独没有人想起晓敏曾经的努力。

对于这些风言风语，晓敏像以前一样选择了沉默。自己问心无愧，又何必在乎他人的口水？

有些人就是这样，自己做不到，还不相信别人的能力，永远活在自己狭隘的世界里，不屑一切，又一无所有。然而我们往往却最爱听信这种人的话，为了合群，为了面子，走着他人认为对的道路，所以渐渐变得和他们一样平庸，渐渐也忘记了最初的自己。

话语教给我们很多，但对错还是可以自明。话语想要教给我们，知足常乐迎合大众才是世间的真理，但你也可以选择不听。

就像王小波在《沉默的大多数》中写的那样：从话语中，你很少能学到人性，从沉默中却能。假如还想学得更多，那就要继续一声不吭。

有些路你注定要一个人走，有些事你注定要一个人做。

当面对别人的质疑和嘲讽，百口莫辩不如省下力气去做好想做的事情，有时候，沉默比话语更有力。沉默，是一道风景，因为这世界许多时候需要沉默。沉默，不是无言，不是卑微，它只是我们所不知的美好的姿态，它是有着深度的内涵。

你还活在别人的口水中吗？那么不妨试着学习沉默吧。其实，当你选择沉默，成熟才刚刚开始。

所谓怀才不遇，不过是自欺欺人

01

查查研究生毕业后，一个人来到北京找工作，他觉得自己虽没有名校背景但好歹也是硕士学历，找个工作应该不难。

可是一周之后，现实将他的梦想击碎，他并没有找到工作，而且生活费也所剩无几。

那段时间，他住在一天三十元租金的青年旅舍里。旅舍空间小，环境差，只有四张铁架床，八个人挤在一起，一层楼的人共用一个卫生间。

住在这种地方的人一般都是收入不高的外来务工人员，从事着一些诸如送快递、端盘子、推销员等体力劳动为主的工作，显然，查查成了这里学历最高的人。不过，这可没什么好骄傲的，反倒让他更加郁闷，觉得自己堂堂一个硕士毕业生，竟然和这群人在一起，简直是英雄无用武之地。

一次，我从地铁站出来，看到一个发传单的人很面熟，走过去一看，竟然是查查，我以为他在做兼职赚外快，一问才知道他是为生活所迫，不得已才让室友帮忙联系到了一份发传单的零活，一天八十块。

那天我请查查撸串，问他为什么毕业这么久还没找到工作。

"生不逢时呗，就是无人识良才。"查查撸着串，牙齿间嗞嗞冒着"火星"，"你说我好歹也是个研究生，虽谈不上通古博今，那怎么也算是个学富五车，那些 HR 真是不开眼啊。"

"那他们为什么不录用你呢？"我也很迷惑。

"天公无眼识良才呗。"

"那你……有没有注意过他们的招聘要求？"我试探性地问了一句。

"……"查查放下手中那串腰子，不说话了。一会儿，他才声若蚊蝇气若游丝地来了句："要么是他们需要一些相关经验和履历，要么就是我专业不对口，要么就是待遇不好……"

"那你有没有想过自己有什么一技之长或是拿得出手的作品之类的呢？"我继续问。

"……"查查不说话了。

"那你觉得自己应该月薪多少？"

"八千吧！"查查突然"复活"，眼神中放着光。

"那么你的能力配得上八千的月薪吗？你当初放弃了那些月薪不高的就业机会，现在却在这里怨天尤人地发传单？"

查查再一次陷入沉默。吃完饭，我让查查回去后冷静一下，去观察寻找身边人的和其工作的联系性，再重新定位自己。

回去后，查查开始仔细观察那些自己平时瞧不上的同住青年旅舍的年轻人。他发现送快递的小赵每天晚上坚持锻炼，保持良好的体力和耐力去送货；做推销的小张每天自主学习营销类课程，对着镜子讲话练习口才；做厨子的小王经常买新的菜谱自己琢磨……他们虽然学历比查查低，可是都有能养活自己的一技之长，而且不断使自己对工作内容更加熟练，更加进步。查查反观自己，好像上了一辈子学看了许多书，空有一纸文凭却什么都不会，甚至比不过他曾看不起的这些人。这样的查查，又有什么资格怀才不遇呢？

后来，查查对自己进行了重新定位，他决定放低身段，眼光不再那么高，从更容易融入社会的推销行业做起，慢慢来。

其实，这个世界上真的没有什么怀才不遇，那些觉得怀才不遇的人，多半都没有真才实学，不过是不愿意承认自己弱小而自欺欺人罢了。

02

雷格是南大中文系毕业的高才生，曾经参加"新概念"作文大赛拿过奖，十七岁的时候就出版了自己的第一部杂文集，可谓少年得志。

毕业后，雷格觉得自己很厉害，不屑于进私企工作，他向新华日报社投了简历，成为十名实习生中的一位。

他们需要经过三个月的考核，然后在这十名实习生中，留下两名。雷格觉得是具有写作才能，又是名校毕业，留下来是十拿九稳的事，可是最后，那两个转正名额里，并没有他。

雷格很生气，觉得这怎么可能，自己那么优秀，怎么会留不下，一定是有黑幕。

雷格坚信着自己的"黑幕"论，满腹怨气地离开了。后来，他由于端着身价，半年没有找到工作，一直觉得怀才不遇，得不到自己应有的待遇。直到后来一次偶然的机会，他得知当时留下的两名实习生都是北大的硕士时，才感觉到自己的幼稚。

他开始重新反思自己，发现怀才不遇和怨天尤人除了让自己满腹怨气，没有让自己进步一点点。于是，他决定找一家小的媒体公司开始学习经验，一步步做起。

现在，雷格已经成了一名职业编剧，作品曾在央视热播，作为也远远超过了当年那两个实习生。

可是雷格的名气始终是小了一点，这在唯"名"是图的娱乐圈很吃亏。

有一次，雷格和另一名知名编剧同时为一部小说改剧本，导演很欣赏雷格修改的版本，可是出于宣传的考虑，还是采用了那个知名编剧的版本，并对雷格说："我很欣赏你的作品，不过出于种种考虑，我们需要一个有名气的编剧来做宣传，这样如果我们采用你的作品，但是要署上别人的名字可以吗？片酬不会少给。"

雷格拒绝了，他有文人骨子里的自尊，自己的作品容不得沾染别人的半点气息，更别说当枪手了。

事后，我问雷格："你不觉得委屈吗？明明写得好，却还是不能被录用。"

雷格说："不啊，我现在名气不够说明我还是有很多不足之处的，还是要努力呀。"

"你已经很不错了，不会觉得怀才不遇吗？"我替雷格叫屈。

然后，雷格说了一句让我大概会受益终身的话："怀才不遇终是能力有限，生不逢时必曾错过良机。"

是啊，虽说时势造英雄，可是哪个时代又缺过英雄呢？真金不怕火炼，真正有实力的人，永远不会怀才不遇。而只有那些虚张声势的人，才会觉得自己被埋没。

03

世上并不存在什么怀才不遇的人，自己的命运都不能自己掌握的话，又能有什么才能呢？如果让那些怀才不遇的人去卖茶，估计也卖不过其他的小商小贩吧。

因为他们一直活在自己臆想的世界里，看到的全是美化过后的自己。不管什么事，还没有开始做就认为"这有什么，我也行"，真的行吗？试试就知道了。结果往往会让他们自己都不敢相信。然后就开始为自己的能力欠佳找各种借口，"怀才不遇"绝对是最常用的一个。

小时候，我们总以为自己是个还没有被发掘的"金子"，其实长大后才发现，我们不过是一块普通的石头，自己都没有发光的体质，又怎能让伯乐来发掘呢？

正如一句话说的：自认为怀才不遇的人，往往看不到别人的优秀；愤世嫉俗的人，往往看不到世界的美好；只有敢于低头并不断否定自己的人，才能够不断地吸取教训。要长立于天地之间，就要懂得低头。

不要再抱怨什么怀才不遇，明珠暗投。要知道，一分才情，或者三分才情都成不了大事，那七分认真和努力如果不投进去，又怎么会成为大才呢？

与其急着批判，不如尝试了解

01

有一次，看一个类似大学生脱口秀的节目，前几位出场的选手一个个声音洪亮，舌绽莲花，浑身上下散发着一种"老子什么都对，尔等还不速速膜拜"的气质。等到第七号选手出场的时候，气场明显弱了许多。

那是个很普通的男孩子，个子不高，戴着眼镜，没有炫酷的发型，没有华丽的服装，就这样普普通通地出现在赛场。

评委们马上眯起眼睛，用审视的目光打量着这个貌似跑错教室的男学生。随后，在主持人"请开讲"的口令下，这个男孩开始了自己的演讲。可是他一张口，全场就开始窃窃私语，议论纷纷，评委们面面相觑，流露出不屑与轻视，其他参赛选手也掩饰不住发自内心的嘲笑。

因为，这个男孩子的声音实在是太小了。

几秒钟后，一个男评委粗暴地打断了这个男孩的演讲，他满是戏谑地问道："今天是不是起晚了没吃早饭啊？你是没力气说话还是在自言自语？你这是在脱口秀啊，是说给大家听的，可是你这个样子，连声音都不能大一点，还能说什么？"

其他评委也跟着一顿质疑，认为连声音都那么小，根本就不会讲出什么好内容。一时间，场面十分尴尬。

这个男孩子独自站在台上，仿佛被世界隔离，一个人站在孤岛之上。他沉默了一会儿，开口说："我可以表达清楚自己的观点。"

评委们开始拍手起哄，大笑着，仿佛在看一场经典的闹剧。

这时，主持人打破了尴尬的气氛，他走上台说："在七号正式开讲前，我想先请大家看一段VCR。"

然后，屏幕切换到一个普通家庭里，两位老人在镜头前用手语向大家问好。他们，正是这位七号选手的父母。

原来，七号选手出身普通家庭，父母是一对聋哑人，一家人平时都用手语交流，在这样的环境里成长，导致七号选手从小就不敢高声说话。尽管后来七号选手凭借自己的努力考上了一所知名大学，参加过各种比赛，开阔了眼界，可是他说话声音的特点却从来没有改变。

得知真相后，在场的所有人都沉默了，有的母亲竟悄悄擦拭着眼角的泪花。刚才还在嘲笑他的评委瞬间脸红了，其他选手也悄然低下了头。

又是一阵沉默，可是和刚才的尴尬却是完全不同的气氛。尔后，刚才那个笑声最大的男评委站起来说："对不起，我为我的无知和刚才的失礼道歉。现在，让我们全场保持安静，请你继续开始演讲！"

观众们开始静静地听着台上那个男孩用标准的普通话流利地表达着自己的观点，逻辑清晰，有理有据，令人信服。

后来，这个男孩打败了其他选手，顺利晋级总决赛。

其实，很多时候，我们那些自以为是的衡量和评价标准，都只是因为我们并不了解背后的故事。

我们总是以自己的思想判断着一切，决定着一切，认为别人的所作所为都必须符合我们的判断标准，否则，就是错的。于是，我们武断地批判或否定着一切，一言不合就开始冷嘲热讽，非得让自己看上去是永远正确的。

其实，有时我们的问题就在于此。

我们总以为自己强烈的感情转化为语言之后，就能都引起别人的共鸣。其实，我们的认知不会超过我们的眼界太多，我们的世界也并不是非得重叠不可。

02

记得中学的时候，有次课间，我们几个同学讨论《水浒传》中的人物。当时大家都很肤浅，说着说着就扯到了颜值问题上。

大饼说："最好看的当然是扈三娘了，人家绰号'一枝花'呢！"

我感觉哪里不太对，立马纠正道："不对，'一枝花'是蔡庆的称号，扈三娘的称号是'一丈青'啊。"

其他人立马投来了鄙夷和嘲讽的眼神，他们的目光分明在对我说：你有病吧。

"最漂亮的当然是'一枝花'啊，蔡庆是男的吧，哪个男的称呼自己是花的！"大饼嘲笑道。

我自小看四大名著，这点基本常识还是有的，就开始很认真地跟他们解释说："蔡庆是当时有名的刽子手，他生来就喜欢带着一枝花，所以人们就称呼他为'一枝花'。而扈三娘呢，因为长得漂亮，人又比较狠毒，就被称为'一丈青'，那是一种有毒的蛇。"

"哈哈哈，别瞎编了，堂堂西风居然连这点常识都没有，不信，我们问问别人。"大饼拉过旁边正在做数学题的"眼镜井"，问："你说，扈三娘的称号是什么，是不是'一枝花'？""眼镜井"被这么突然的一问蒙了，没看过《水浒传》的他随便说了句："好像是吧。"就继续做题了。

当时，学生们还没有手机，不能百度，所以评判答案正确与否，就看支持者多的一个。大饼他们就像考完试对到了正确答案一样高兴地欢呼起来，然后嘲笑我到下课。

我一边不服气，一边也对自己产生了一丝丝怀疑，难道真的是我记错了？

回到家，我扔下书包立即翻出了《水浒传》，开始找扈三娘的称号，最终看到书上清晰地写道：一丈青　扈三娘。再往下看：一枝花　蔡庆。

哼哼，这帮目不识丁的愚民。毕竟年轻气盛，我心里既暗暗得意，又有一种被冤枉的愤怒与委屈。

后来，我又遇到了好多类似的事，才渐渐地明白，很多时候，我们急着去反驳和否定，只是因为我们还不了解真相。

有些人急着去否定别人，不给别人解释的机会，以为表现得很自信，很能干，很精英，其实那不过是自以为是罢了。

自信是，我是对的，你也是对的，但我不会因为你是正确的就认为自己很 Low，也不因为自己是正确的，别人是错误的就觉得自己比别人牛。

而通过急切地否定别人来证明自己的正确性，认为我是对的，我比你正确，你说的就是没有我的好，我是最棒的，你们都不行，充其量只能算作"自以为是"。

03

毕业之后，我一个人在北京，投简历，找工作，经过重重的考核与面试，最终被一家知名杂志社录用。我很高兴地发了朋友圈，向朋友们分享了喜悦。

不一会儿，同学小岛就给我发来微信：你是怎么进到那么好的公司的？是有内部消息还是有人啊？

我一看顿时怒从心中起，回道：没有，自己面试进来的。

小岛发来几个笑脸，说：你就别跟我装了，现在工作那么难找，你怎么可能这么幸运。

我最痛恨的事就是自己的努力被一个毫不了解内情的人一句话给

否定掉。我回道：那以后你有了"内部消息"记得告诉我。然后就把他拉黑了。

回想大学生涯，我一直很努力地学习，去参加各种活动和比赛，一边处理着学生会的工作，一边兢兢业业地做课题，写论文，努力让自己学习工作两不误。我努力拿国家奖学金，修双学位，在各种比赛中尽力争取好成绩，争做优秀学生干部，读书考研，拿校级优秀毕业论文……就是怕自己不够努力会被淘汰掉，想为自己多赢得一些有分量的筹码。可以说，如果我得到了什么，那我一定是为此付出了十倍甚至更多的努力。

而小岛呢，上学期间除了吃喝玩乐，什么都没有得到。毕业后找不到工作，就开始嘲笑其他找到工作的同学，认为他们都是走了"后门"，找了"关系"。慢慢地，大家就都不和他联系了。

后来，听说小岛的父母托关系给他找了一份薪水不高的临时工作。

看，最终走"后门"的却偏偏是他自己。

因为他生活的环境充满了这种"人情网"，他才会觉得别人也都是靠关系生存，因为他自己实力薄弱，才会觉得其他人也理应如此。他的眼界蒙蔽了他对别人的正确认识，对社会的准确判断，所以他不相信别人的努力，也不相信努力可以改变自己的未来，于是始终将自己禁锢在自怨自艾的情绪里。

眼界决定心能到达的高度。看别人不顺眼，只是因为自己的境界不够高；看自己很满意，只是因为自己的眼界实在是很低。

　　所以，以后遇到与自己意见不合的人或者事，我们不要急着去批判，去否定，去嘲笑，因为很多时候，我们的不赞同，不是因为别人是错的，而是因为我们的不了解或者眼界还没有达到那个境地。

　　事不三思终有后悔，人能白忍无自忧。否定别人之前记得先三思，不然日后打脸的可能是自己。

约会时不玩手机是一种修养

01

小芒跟我说她以后再也不要和布丁一起玩了。

"为什么？"正当我叼着奶茶吸管开始脑补一场闺蜜深情四海同时各自夸耀男友相约领男友互相见面，最后却发现男友是同一个人的虐心大戏的时候，小芒说："我感觉不是在跟她逛街，我是在跟一个行走的siri逛街啊！"

原来，那天小芒和布丁约好周末一起玩，布丁从头到尾都没有离开过她的手机，完全无视了小芒的存在。

逛街的时候，布丁一直在给男朋友打电话，小芒反而觉得自己是个多余的存在。

买衣服的时候，小芒想让布丁帮她参考一下，布丁全程都在拍照然后发给她男朋友咨询意见，"亲爱的你看看我穿这个粗条纹的好看还是这个细条纹的好看？"小芒在一边默默地翻白眼：我一个大活人站边上你都不问，非得隔着手机屏幕问一个直男，这样真的合适吗？

吃饭的时候，饥肠辘辘的小芒正准备磨刀霍霍向猪羊，被布丁一把按住："不行，等我先拍照发个朋友圈再吃！"等布丁三百六十度无死角对菜品进行完拍摄以后，还要加各种滤镜，然后搜索定位，再百度一段类似早安心语的鸡汤配上，然后边吃边回复各种评论。一顿饭下来，小芒全程一言不发只顾吃，布丁边吃边抱着手机笑得不亦乐乎。小芒重重地咬下一块炸鸡，心想：姐姐你想吃饭玩手机的话为什么不订外卖呢？

吃完饭，两个人去看电影，小芒想这下你总不能再打电话了吧，结果还真应了那句"躲得过四下无人的街躲不过那漆黑的夜"啊，每当到了情节紧张之处，布丁还是会忍不住掏出手机跟别人分享一番，即使那灯光在电影院是那么的耀眼，即使周围的人早就想对她扔可乐爆米花。

"既然那么离不开手机，为什么还要约我出来？自己在家里玩手机不好吗？"小芒捶桌咆哮。

以前大家聚会时，说说笑笑，从不觉得疲倦，好像永远有说不完的话题，而现在手机越来越为人们所依赖，不管是一个人独自待着还是一群人在一起，我们总是习惯用手机去交流。可是殊不知，跟别人在一起的时候专注于玩手机是一件非常没有修养的事情。

我跟你出来约会，表示我想和你有单独的交流，可是你却一直在玩手机去接收别的信息，和别人有所交流，这种行为传递出来的第一个信号就是：你不尊重我。

没有人喜欢被人无视的感觉，所以，当你在和别人在一起的时候掏出手机，就已经是一种很不礼貌的表现了。

另外，如果约会的时候我们在谈话，你却时不时地在看手机，这种行为传达出的第二个意思就是：我对你说的内容不感兴趣，你这个人也让我觉得很无聊。

不管你见面的人是不是真的让你觉得无聊，都要保持对别人最起码的礼貌，这是一种礼仪，也是一种修养。让别人在和你相处的过程中感到如沐春风永远要比觉得你这个人很高冷要好得多。

02

我刚找到工作的时候，一个朋友听说了，非要请我吃饭帮我庆祝，我推托不过，欣然赴约。

到了地方，我俩刚刚入座，他就拿出手机，打了一会儿字，然后很郑重地关了手机放到了衣袋里，笑着跟我解释说："我跟我女朋友说一下在吃饭，一会儿再联系。"

果然一顿饭下来，他始终和我保持交流的状态，没有碰一下手机。

这顿饭让我感到非常开心，一直都很难忘，因为朋友的行为和修养让我觉得自己得到了尊重，这才是见面最重要的意义。

可是有人会说：我工作太忙了，必须时刻盯着手机，不能关机。其实那都是借口。

有一次，我和一位前辈吃饭，前辈是一名新媒体主管，手下管理着大大小小几十个公众号，每个公众号内容的挑选、排版以及推送等，都需要她过目才能推送，所以她必须时刻盯着手机。

然而我们吃饭的时候，她却根本没有像其他人一样，上来先把手机在桌上排成一排，而是把手机调成静音放到了一边，全程没有看手机。

快吃完的时候，前辈的手机振动了，他瞥了一眼，说："不好意思，我接个电话，工作上的事情。"然后用极其简练的语言对电话那边的人做了回答。整个过程简练又得体，让我不由得心生赞叹：不愧是高管，就是不一样。

前辈比我不知道高到哪里去了，她完全可以在我这个小辈面前表现出很忙的样子，也完全可以不考虑我这个无名小卒的感受，可是她并没有，她的行为和语言表现出了对我极大的尊重，简直让我受宠若惊。

细节见修养，我相信有这样良好教养的前辈不管在哪里都会自带女神气场，发展得很好。

相反，那些时不时就掏出四五个手机，没说个两三句话就要接一通电话，和你见面第一秒就一直盯着手机的人，往往只是在用装忙来掩饰自己的浅薄罢了，这种人，无论如何也走不到更高的位置，因为他们的修养决定了他们的层次和水平。

一个人的修养与每天摄入的营养毫无关联，修养不是一时应景媚俗流于形式的表现，而是不断自省修正根植于内心的习惯。

习惯决定修养，修养决定品行，品行决定高度。

而你的高度，就是要从约会不玩手机开始。

通往罗马的路不止一条

01

马上又要进入毕业季，同时也意味着一大批毕业生要面临找工作的问题，丹丹就是其中的一个。

马上要从复旦大学毕业的丹丹在大学期间过得顺风顺水，各门功课一路亮绿灯，可是在找工作的时候却碰了钉子。她面试了几家公司，不是她没看上人家的待遇条件，就是人家婉拒了她。

丹丹很苦恼地问我："为什么我从复旦毕业，成绩优秀，那些大公司却不愿意录用我？"

以前，我们接受的思想教育是"你只有好好学习，考上好的大学，才能找到好的工作"，这种"直线思维"一直影响着我们成长中的每一次抉择。导致的结果就是，我们喜欢给自己制定线性目标，认为只有完成了 A，我们才能去做 B，只有做到了 B，才能进行 C，这样一步一步完成目标，一路打怪升级，才能实现我们的终极目标。

可是后来我们往往会发现，现实生活并不像小说套路，我们也不是故事中的男女主，一路过关斩将，打怪升级，就能成为武林大师。

我们的现实生活充满了意外、挫折、不顺和很多过不去的关卡，我们没有隐居山林的白胡子老头帮忙，也没有世外桃源的仙女姐姐救助，有些关，我们就是过不去了。

这时一些人就会陷入迷茫：为什么我已经具备了一二三四的条件，却做完不成这个任务？我过不了这一关，那我以后的计划该怎么进行？然后整个人彻底乱掉。

就像丹丹，她一直信奉"我只要以优异的成绩从名牌大学毕业，就能进大公司，找到好工作"，然而事实呢？

一个人的工作，发展和他的毕业学校、学历并没有直接的关系，在人才宝贵的今天，学历固然重要，但一个人的能力、性格等与工作岗位的匹配度，才是公司考虑的重点。

总有人喜欢问我一些这样的问题：我想进入某个行业工作，是不是应该考一个什么证书呀？或者我以后不想从事本专业的工作，是不是要考虑转专业的事情呀？又或者我是不是应该读个研或者出国镀一下金，才能找到更好的工作。

其实这些都是非常典型的线性思维，认为只要具备了某些因素，就一定能导致必然的结果。

但是实际上，生活中很多事情是非线性的关系，甚至连因果性都没有，顶多只有相关性。你完全无法通过一些因素就去推断某些结果的产生。

02

我的同学小米一直想从事出版编辑的职业，可是她的本专业和传媒行业八竿子打不着，她觉得是不是得考个新闻出版类的研究生才能去好的出版公司工作呀？

于是她从大三就开始做准备，要考中国传媒大学的新闻硕士。虽然她也足够努力，可是事与愿违，她依旧落榜了。

出成绩后的那几天，小米的情绪非常低落，她觉得自己的梦想就此破碎了，从此将与自己的编辑梦无缘，陷入了人生的迷茫：我只考虑过做编辑，我不知道除了它我还可以做什么，现在我没有考上研究生，也就意味着我不能从事这个行业的工作了，我该怎么办？

思来想去，她觉得人生不应该就这样放弃，于是决定再考一年。

在我投身编辑行业快一年的时候，我和小米在地铁偶遇了，我得知小米第二年还是没有考上中国传媒大学的研究生，不过她这次服从调剂，去一个还不如她读本科时的院校读研了。

当小米知道我已经做编辑快一年的时候，非常惊讶地问我：你是怎么找到这份工作的？

我说当然是应聘啊。

她很奇怪地说：听说只有新闻专业毕业的才能入职这行呀，你也不是这个专业的吧？

没错，我的专业是对外汉语，和新闻传媒没有一点关系，可我读书期间一直保持着对新闻出版的敏感度，并做过我们校刊的副主编，不论是经验还是思维敏锐度方面，都一直和这个行业保持着密切的联系，所以当初在面试的时候，很多问题我都能对答如流。

其实我也知道受过专业的训练才能把事情做得更好，但是我却不认为这种训练一定要通过在校读书来完成。而事实也证明，与同行、前辈甚至是在独自完成工作的过程中，都能得到很好的学习与锻炼，这些，远比书本知识和一张学历重要得多。

甚至我后来发现，很多同行很厉害的人，都不是传媒出身，相反，一些新闻本专业的同学在毕业时却纷纷改了行。

所以，人生没有定数，一切都在变化，只要你有心，"曲线救国"要比一些不必要的坚持更为有效。

听了我的讲述，小米有些后悔，她说当初不该想当然地认为找工作就一定要科班出身，反而浪费了大好的时光。现在，她虽然对这个学校不是很满意，但是已经努力了两年，也不能放弃这次学习的机会了。

我笑着说："小米，你又陷入直线思维了，其实在备考和以后读研的日子里，你同样会学习到很多，而你的人生，也不会因为这个学校一般而被耽误，世上没有绝对的事，又何必着急沮丧呢？"

果然，小米还读研的时候过得很充实，不但结交了很多好朋友，还遇到了她现在的男朋友。

其实生活就是"塞翁失马，焉知非福"，不到最后一刻，永远不要急着抱怨和泄气。

03

朋友小航准备辞职创业，在纠结创业前要不要先读个 MBA，因为他发现很多创业成功的人士都念了 MBA，就断定那些人是因为读了 MBA 才获得的成功。

但是真的是这样吗？

很多连考都没有考过 MBA 的人一样获得了创业的成功，因为他们本身就很上进，足够努力，而且自律和具有牺牲精神，这些与有没有念过什么根本毫无关系。

正是因为他们厉害，所以才取得了成功，才为自己创造了更好的条件去深造，而不是反过来，因为他们读了 MBA 才有了今天的成绩。

真正厉害的人不仅仅体现在一个学历上，而是更多地体现在那些决定他们很厉害的因素，比如性格，比如品质，比如习惯等等，而不是你看到的那些表面原因。

在这里，小航就犯了和小米一样的直线思维，认为只有取得了 MBA 的学历，才能去创业成功，而不读 MBA 就无法创业。这在根本上就是错误的，毕竟生活是很多元化的，不像我们当年只要考高分就能读好大学那么简单。

有些人抱怨，为什么越长大越觉得生活很难，挫折很多呢？

　　其实原因也可以说是在这里。以前，我们相信只要努力学习就能提高成绩，赶超对手，赢得机会，取得成功，毕业以后才会发现，生活不只是靠努力就能完成目标那么简单，生活本来就是充满了复杂的、不可控的因素，如果我们不能及时调整自己的思维习惯，就只能陷入无尽的痛苦与迷茫中。

　　其实不是越长大生活越挫折，而是生活一直很艰难，只不过家长、老师、学校甚至其他许多人帮我们屏蔽了大部分而已。成长是一笔交易，我们都是用朴素的童真与未经人事的洁白交换长大的勇气。

04

　　也有人向我咨询："我也喜欢写作，是不是应该报个写作班培训一下呀？"

　　其实，毫不避讳地说，所谓的写作班都是骗人的，真正优秀的作家，是用心在书写自己的经历和灵魂，而不是按照固定的套路和模板去制造千篇一律的东西。

　　我认识一个青年作家，他年轻的时候热爱文学和音乐，觉得自己不适合读书，在高中的时候就依然退学，开始写书和组建乐队，他在网上连载的小说为他带来了大批的粉丝和不菲的收入，现在他早已成名，已经出版了三十多本畅销书。

　　我曾经问过他："当初退学的时候，你有没有想过当初如果没有学历，在文学和音乐的道路上又走得不顺畅，以后该怎么办？"

他摇摇头说："虽然我退学了，可是我从来没有停止过读书和学习。当初在我退学的时候，也有很多人为我的将来担心，劝我最起码要坚持读完高中，以后也可以边读大学边搞创作，两不误，这样即使文学道路走不成，也可以靠学历混个饭吃。"

"可是我不。"他说，"我觉得这是浪费时光，我很清楚地知道自己的目标和实力，我不需要按照大众的标准一板一眼地生活，对我来说，生活是曲径通幽，而不是一条大路走到底。"

虽然我并不鼓励退学的做法，可是，我依然很佩服他这种勇气和清醒的判断，比起做一个按部就班的人，做一个拎得清的人更重要。

生活不是只有一条道路，不是一路打怪就可以顺利升级，当遇到抉择或者瓶颈的时候，不要一条路走到黑，换个思维方式，或许更重要。

其实，有时候，思想上的成长更加重要。

第三章

余生漫漫，总有美好
值得期待

生活，不会因为你是女生而怜香惜
玉，也不会因为你是男生就委曲求全。

余生漫长，要让自己活得有趣

01

小路经常向我抱怨生活无趣，每天上班下班，朝九晚五，整个人都快朽掉了。

我很好奇地问："你下班后都做什么呀？没有点自己的兴趣爱好吗？"

小路说："每天下班回家都要累死了，我只想躺在床上安安静静地刷个手机。"

我继续追问："那周末呢？大好时光不出去浪一浪？"

小路撇撇嘴："一觉醒来已经中午，懒得出门了，还得换衣服……再说，也没有人叫我出去玩。"

我很无语，觉得，也许不是生活让小路过得无趣，而是小路把生活过成了无趣。

当初，小路为了避免留在家乡小城市过一眼望到头的生活，毅然决然地只身入京，为的就是利用首都丰富的资源，开阔自己的眼界，体验不同的人生。可是两年下来，我没听说她去参加过什么活动，没见过她学习了什么技能，甚至她连故宫都没去过。

她是忙得没有空闲去丰富自己的生活吗？不是，她每天下班有大量的时间去搞网络社交，周末就窝在家里不出门，然后跟我抱怨生活无趣。

有趣的生活是自己过出来的，不是你想出来的呀。

如果你身处大城市，你不去利用它的资源丰富自己的生活，提高自己的能力，而是整天两点一线，宅在自己的小屋里，除了承受高昂的物价外，这和你留在小城市有什么不同？

如果你留在了小城市，也不要抱怨它资源有限，没有健身房，没有培训班，没有电影院，这都不是问题，问题是它有的资源你又利用了多少？门口的生活广场你都没去几次吧？

其实，有趣的生活不在于你有多少可利用的条件，而是你如何利用有限的条件制造出无穷的乐趣。

02

曾经，我向一位学长炫耀我们学校的图书馆藏书如何多，古籍有多少，我是多么喜欢。

学长听完只是淡淡地说："你们的图书馆确实比我们学校的藏书多，可是不管藏书有多少，你能看几本呢？所以，藏书多少和你有什么关系呢？"

我当时听了恍然大悟，羞愧难当。是的，图书馆藏书再多，我能看的也不过是万分之一；资源再丰富，我能利用的也不过寥寥。反而，这位学长，充分利用了他们学校资源并不丰富甚至处于劣势的图书馆潜心学习，在本科期间就在各大知名学术杂志上发表了十几篇论文。

从理论上来讲，我占据了更好的资源，本应该比处于资源劣势的学长取得更大的成就，而事实是我庸庸碌碌，一篇论文都没发表过。

所以，你生活的样子和你所取得的成就跟你资源的多少并没有什么直接关系，关键在于你如何发挥主观能动性，将你的生活过得越来越好。

03

我自诩是一个兴趣爱好比较广泛的人，对感兴趣的东西都会涉猎一些，当然样样稀松，导致我现在还是庸人一个。

我会每天坚持跑八公里，我的运动软件上的目标是每日一万步，后来改成了两万步，但是还没来得及实现就夭折了。下班后，我会在家提升一下自己的厨艺，练练书法，兴致来了也会信笔涂鸦一番。周末，我通常会拿出一天的时间会友，郊游，参加一些兴趣活动，游历京城。剩下的一天，我一般就会宅在家里收拾一下卫生，做做瑜伽，总结反思自己一周的得失。虽然说不上多么丰富，可是我觉得很充实，有趣。

然而这两天，因为工作上比较忙碌，我常常怨妇一样向好友小泉吐槽，每天忙到死，还要保持自己公众号的更新，我现在已经没有生活了，只剩下活着。

小泉说："我现在也每天写文章，但是我还是能做自己想做的事，因为我会安排自己的时间，你觉得自己每天忙到爆，那你有没有想过是自己的安排有问题呢？"

我反思了一下，确实，我的时间安排有问题，这导致了我的低效，也是我失去生活乐趣的主要原因。

小泉算是我的前辈，我才刚刚步入职场，她已经在某大型出版公司平步青云了。

她每天的工作量是我的三倍，而且还兼职给杂志写专栏，却从未听她抱怨过生活的辛苦，反而经常见她发朋友圈感谢生活的美好。

她可能昨天刚去上了小提琴的培训班，今天就和某个民谣歌手谈笑风生；你以为她雷厉风行地在某交流会上侃侃而谈，可能她已经踏上了去某个偏远小镇的旅途。

你可能会问："她哪来的这么多时间呀？我也想，可是我没有时间这样啊。"

其实，每个人的时间都是二十四小时，差别就在于你如何去安排它。

小泉就是个很会安排时间的人，她每天上午做什么，下午做什么，什么时间去健身，什么时间去交友，都安排得井井有条，至于那些突然的出游，都是她提前预留出的休假时间。

为什么比我们还要忙的人却依旧能将日子过得妙趣横生？我想答案

就在这里。听了小泉的话后，我重新规划了自己的生活安排，又将那些抛弃已久的小乐趣捡回来了。

04

我很喜欢这么一段话：

该醉的时候一定不能少喝，该唱歌的时候一定不要干坐。也许无趣的不是这个世界，而是我们没有坚持那些有趣的活法而已。

世界对每个人都是一样的，只不过是，有趣的人能发现它的乐趣，无趣的人只能抱怨生活的无趣。

觉得无聊，就放下手机，出去看看外面的人和事；觉得轻闲，就想想自己曾经丢下的那些梦，然后把它们一一捡起来；觉得累了，就去陌生的地方走走；觉得孤单了，就叫一帮朋友出来聊天。

最重要的是，你要去行动，才会有改变。有种可以对抗命运的力量，叫作执行。

愿你将生活过成有趣的模样。

最好的爱情是势均力敌

01

周末去看电影，提前到了半个多小时，又正值饭点，我就到旁边的快餐店吃点东西打发时间。

等餐的时候看到旁边一对年轻情侣在点餐。女生指着单子说"我要这个这个"，男生笑着看她点，"嗯嗯"地答应着。

女生点完，指着最新上市的那个汉堡说："哎，给你来个这个吧。"

男生说："不用不用。"

女生又指着另一个菜品说："那给你点一份这个鸡翅吧。"

男生说："不用，你吃就好了。"

"哎，你怎么这也不吃那也不要啊，我一个人吃多没意思！每次你都这样！"女生嘟着嘴，皱着眉，气呼呼地丢下菜单走向了一个空位，留下男孩一脸尴尬。

点餐员看出男孩的窘迫，马上解围说："你们可以点这个套餐的，比单点能省二十多块钱。"

男生笑笑说："不了，里面没有她爱吃的那几样，就点刚才她选的那些吧。"然后从衣服里掏出一个瘪瘪的破旧的钱包付了款。

看到那一幕，突然有点五味杂陈，我不知道那个女孩如果听到男生说的最后一句，会是什么样的反应，我只看到她因为男生不陪她吃东西而气鼓鼓地背对着他坐在那里玩手机。

是男生不想吃吗？他是舍不得吃啊。虽说快餐早已"飞入寻常百姓家"，可是一餐下来也得几十元。这一餐的钱，可能是男孩几天的伙食费，一对烤翅的价钱，可能就抵得上他平时的一顿午饭。

他确实很抠，抠到舍不得给自己点一个汉堡；他确实小气，小气得一份鸡翅都不愿意点；他确实不够暖心，连陪女朋友一起吃顿西餐都做不到。可是，他又足够大方，为了能让女朋友吃到喜欢的几样小食，宁愿多花几十块也不点超值的套餐。

虽然女朋友不能理解，还惹她生了气，可是他还是用自己的方式默默地满足着她那小小的愿望。

舍不得让她受一点点的委屈，舍不得让她花一点点的钱，然而，这些女孩都没看到，她看到的是男孩子的不解风情，让她一个人无趣地吃饭，他不愿意陪她。

这让我不由得想起前段时间的口红风波，女生为了让男友她给买一支三百多的口红，各种撒娇卖萌耍赖，最终得逞，还被评为秀恩爱的典范，惹得女孩们争相模仿，拿去测试男友，好像如果男友不同意，就是不爱她：一支才三百多的口红都舍不得给我买，也太抠了！

三百多是不能算贵，可是既然不贵，为什么不能自己买呢？我们总是想把希望寄托在别人身上，想去占别人的便宜，可是否有考虑过别人的感受？

我的几个朋友也如法炮制去试探了自己的男友，男友也都爽快同意了，这个结果让女孩子们很开心，至于最后到底会不会买，我不知道，但至少眼下这关，男孩子们是过了。

没过多久，网上又出现了另一篇热文，是男生让女生给自己买一款名牌鞋子的微信截图，结果却恰恰相反，女生没有一个同意的，甚至直接不回了。

好在男生也只是拿来逗乐一下，没有真的想让女孩给自己买，也没有拿这个做文章说女孩势利小气之类，不过我觉得如果同样的事情是男生拒绝了女生，大概又会掀起一阵腥风血雨吧。

有时候，我们总是把自己无法得到的东西寄托在别人的身上，想要不劳而获，可是你有没有想过，别人可能也是来之不易。

女生变着法儿地向男生要东西，男生一是宠爱自己的女朋友，二是为了面子，一般都会满足女友的小小虚荣心，可是当你欢天喜地地捧着男友送你的礼物时，有没有想过他可能为了这份礼物要省吃俭用多久。

二十几岁，我们都一样，年轻又没钱，这和性别无关。我们真的没有必要为了一点点的虚荣去为难自己，为难别人。

毕竟，比口红重要的，是你买口红的能力啊。

02

那天和洛洛一起逛街，洛洛打扮得光鲜靓丽，穿了一件看上去就价格不菲的大衣，我不禁夸赞一番。

洛洛一脸娇羞地说这是男朋友给她买的某品牌的，两千多。

我看着自己身上两百块钱的代购货，瞬间受到一万点的伤害，哭天抢地要找个男朋友给我买买买。

洛洛却突然伤感地说："我以后再也不要他给我买那么贵的东西了。"

原来，那天洛洛和男友一起去逛街，洛洛一眼就相中了这件大衣，可是知道这个品牌肯定价格不菲，连试都没敢试就要拉着男友走。

男友说："既然你喜欢，那就试一下吧，试一下又不要钱。"

洛洛经不住诱惑，就试了一下那件大衣。穿上后，果然容光焕发，衬得她高挑瘦削，曼妙多姿。

洛洛看看镜子里的自己，又翻翻吊牌看了看价格，最终依依不舍地把大衣脱了下来。

没想到，男友一把接过衣服递给售货员说："就这件了，开单子吧。"

洛洛吓了一跳，捅着他的胳膊说："你疯啦，两千多，都赶上我们的房租啦！"男友笑着摸了摸他的头，没有说话，直接掏出卡来把单子结了。

　　洛洛回想起那一幕，眼睛还闪闪发光，说："那是我见过他最帅的时候！"

　　买到了心爱的衣服，洛洛自然是喜不自禁，她挎着男友的胳膊一路蹦蹦跳跳，又走到了前面的一家西装店。

　　洛洛看到橱窗里面的西装，忽然想起来说："我看你那套西装早就该换了，你天天在外面跑业务，外在很重要，不如买一套新西装吧。"

　　男友说过段时间再说吧，拉着洛洛就走了。

　　洛洛也是个水晶心肝儿玻璃人，细心体贴得很。她猜想一定是刚给自己买完那件大衣，男友有点拮据了，就没有再提此事。而是过了几天，自己偷偷给男友买了一套三千多的西装。

　　男友收到西装后大为惊讶，嗔怪了洛洛一番："你一个月那么点工资，都给我买衣服了，你吃什么啊！"

　　"你包养我呗。"洛洛笑得狡黠。

　　"当然！"男友一把将洛洛揽在怀里。

　　可是第二天，洛洛就收到了男友转来的三千块钱，洛洛打电话问男友怎么回事，男友说："我把那套西装换成一千多的那套了，我不用穿那么好的衣服，剩下的两千多够我们交下个月房租了。我把你的钱转过去了，你给自己多买点好东西吧，不用给我花钱。"

　　洛洛鼻子一酸瞬间就落泪了。

　　确实，洛洛和男友都是刚来北京没多久的"北漂族"，洛洛每月固定工资四千多，男友做销售工作，拿绩效，也是一月丰收一月旱涝，不太稳定，除去两人的房租，每个月也剩不下多少，每花一笔钱都要精打细算，商量半天。

可是，男友对洛洛一向很大方，常常主动给洛洛买口红、买鞋子、买包包，还都是名牌。洛洛一方面享受着这份带着小小虚荣感的美好爱情，一方面又有点愧疚不安。

"我不想一直享受他的赠予，我也想回馈给他一点东西啊。看到他省吃俭用，却对我毫不吝惜，我就觉得自己好没用，我也想给他买东西啊。"洛洛说。

后来，洛洛辞掉了那份月薪四千的稳定工作，换了一家拿绩效考核工资的公司，虽然累了一点，可是她努力工作，想赚更多的钱，也想让男友享受一把别人给他买、买、买的感觉。

我很欣赏洛洛这种做法，并为他们的爱情感动。

感情不是一味地单方付出或者索取，而是两个人尽自己的努力去为对方付出，想让对方过得更好一点。

爱情就像跷跷板，任何一方过度索取都会导致关系的不平衡，而一段不平衡的感情，最后只能人仰马翻，彼此都摔得很疼。

人生本来就不相欠。别人对你付出，是因为别人喜欢；你对别人付出，是因为自己心甘情愿。可是别人没有义务一直为满足你而牺牲自己，你也没有权利让别人替你满足你的心愿。

所以，想要的东西，请你自己去争取，如果对方给予了你，请记得给他相同的回报。

03

工作之后，虽然工资尚可，可是我还是舍不得买三十多一杯的星巴克，而是回办公室冲一杯速溶；我还是舍不得在专柜毫不犹豫地买下一根口红，还是记下色号上网去找代购，因为那样会便宜一百多；我还是舍不得买二十多一份的便当，而是选择十几一份的盒饭。

每次聚会，说起这些，朋友们总会嘲笑我，说："女孩子要对自己好一点，你攒钱干什么啊，难不成还想买房？"

我惊奇地说："你怎么知道我想买房？对啊，我就是想买房。"

朋友们笑得前俯后仰，说："你别想那么多了，赶紧找个男朋友才是正事，买房都是男生们考虑的事情，等你找了男朋友，生活质量就会高很多了，基本用不到自己花钱！"

我看着笑做一团的朋友们，很认真地问了一句："万一他也买不起房呢？"

"那就找个有钱的男朋友嘛！"朋友笑哭了。

我看着她们那副不可思议的样子，真心不觉得好笑："一开始我也这么想，可是后来发现找男朋友比赚钱难多了，我还是好好赚钱吧。"

我见过很多女孩，平时光鲜靓丽，用着和薪水不对等的奢侈品，开着与年龄不相仿的跑车，工作几年依旧没有一毛钱的存款，把人生的希望和生活的质量全都寄托在能找个有钱的男朋友身上。

　　可是，你们有没有想过，如果人人都能找到有钱的男朋友，那为什么这世上还有那么多"贫贱夫妻百事哀"？

　　我们都是普通人，终其一生也不过是想找个相仿的人互相扶持。

　　现在，大家都是二十岁刚开始奋斗的年纪，谁又会比谁好过？谁又会比谁有钱？

　　我努力工作，不过是想在无人可依托的时候不至于让自己过得太糟糕，不过是想在接受别人礼物的时候能回馈给别人相同的心意，不过是想让别人知道：我跟你做朋友，不是为了图你什么，你能给我的，我自己也可以得到。

　　我努力赚钱，就是为了能坦然接受你的馈赠。

　　爱情不是依附，不是索取，而是各自独立坚强，然后努力走到一起。

　　自己需要的东西，自己赚钱去买，别人馈赠的东西，自己有能力去回馈等值的东西。做个独立坚强的女子，是对生活最好的回报。

真正的成功从不是一蹴而就

01

我喜欢古代文学，常常兴致来了就随手编首诗发到朋友圈。周周看见了，觉得格调很高，于是向我请教如何写诗。

我说，这没啥好学的，全凭灵感啊，情绪来了就写呗。

周周不信，觉得我是在装，扯着嗓子喊："你别以为我不是学中文的就不知道什么韵律平仄，别跟我装什么大尾巴狼，你要是教会了哥，信不信哥请你吃全聚德？"

哟，全聚德，我喜欢吃烤鸭，这是人尽皆知的事实，为了收这"学费"，我决定倾囊相授。

"你先多背一些古诗词什么的吧，背多了就会写了。"我一脸认真。

"从小就背什么李白、杜甫、白居易的，有什么用啊？你骗我！"周周扭动着身体，活像只鸭子。

一听这话，我就知道周周肯定学不会写诗了。

我并没有骗周周。所谓"背得唐诗三百首，不会写诗也会诌"，写作是一个长期积累的过程，写诗尤其如此，所谓的语感、意象、韵律、情感、艺术手法等等都不是凭空而来的，而是来自从古人的优秀诗作中学习的积淀。

我从三岁开始背《唐诗三百首》，中学时期凡是课本上出现的古文，我全都要背下来，大学的时候开始背《左传》《战国策》等古籍。没有人要求过我做这些，甚至还有人不屑地说："你背这些有什么用啊？"仔细想来，好像是没什么即时的作用，可是当参加某大型诗词比赛，我因信手拈来，一挥而就的古文功底而夺冠的时候，我知道这二十年来的努力似乎还有点价值；当以前嘲笑我背这些东西没用的人反过来趋之若鹜地问我成功秘诀的时候，我似乎也为这种行为找到了一点价值。

有的事，看上去似乎没什么用，有些人就不做了，觉得做了浪费时间，也没有什么回报，可是当别人不计得失地坚持做下去，终于获得成果的时候，他们又开始抱怨"时运不济，命途多舛"，大呼："他就是命好，要是我当年也如何如何，现在肯定做得比他好。"

可是，对于这种人，即使给他一次时光倒流，从头再来的机会，他也不会去做那件事，因为在他看来，短期内不会有收获的事，就是没用。但是，哪有什么事情是一蹴而就的呢？这种总是急功近利的人，往往也会成为一个没有用的人。

果然，周周学习写古诗的热情没几天就消退了，最近又开始向我请教练书法的诀窍。

"你先按'永字八法'练习吧，天天写'永'这个字，基本笔画就都练习啦！"

"天天写一个字有什么用啊？我想要每个字都写得很好看！"周周又尖叫着像只鸭子。

我无语了，还没开始做，就问有没有用，觉得短期出不了成果，就不做了，那么你还能做成什么事呢？

我对周周微笑道："其实没用，你还是去求锦鲤吧，或许它能保佑你掌握十八般武艺。"

02

江湖传言："四月不减肥，五月徒伤悲。"为了迎接夏天的来临，我决定每天都要锻炼，直到练出马甲线。

听闻好友雅丽使用一款健身软件已久，我就向她咨询："亲，你用这个 APP 大约多久了？好用吗？"

雅丽说："用了快三个月了，感觉用起来蛮方便的。"

我立马两眼放光："有用吗？你瘦了多少斤？"

没想到，雅丽一改往日温柔的语气，巴拉巴拉给我一顿批斗："你还没开始锻炼，就问有没有用，如果我告诉你没用，你是不是就不锻炼了？其实每款健身软件都大同小异，关键还不是在于你能不能坚持吗？健身是个长久的事情，你这么急功近利，我看根本坚持不下去，干脆别做了！"

我目瞪口呆地看着发火的雅丽，感觉好像被刚才的话扇了两个大嘴巴子，嘴角还带血那种。

雅丽说的没错，如果她当时告诉我没有什么成效，我可能就不会锻炼了，至于是否真的有成效，我可能一辈子都不会知道，也可能等看到雅丽的马甲线的时候只能望而生叹了。

在做一件事情前，我们往往急于想知道事情的结果，于是就会去问"过来人"，以"过来人"的结局来衡量要不要去做那件事，我觉得这是毫无意义的。就像雅丽说的，用同一款健身软件，不是有人的瘦了下来，有的人不减反增吗？结果全在个人的努力程度和坚持的时间长短呀。

03

这件事给我的印象很深，包括现在坚持做公众号，都是来自这件事的启发。

刚开始做公众号的时候，没有什么推广，粉丝数仅为两位数，看不到生存的希望。于是就有人说："你天天这么辛苦的日更，不见粉丝数增长，也不赚钱，做这个有什么用啊？什么时候才能熬出头啊？"

是啊，确实没有什么用，可是只要有一个人愿意看，我就会坚持写下去。

写作本来就是个不计得失酬劳的工作，能把自己的想法形成一篇完整的文章，化无形为有形，本身就是一件很有成就感的事啊，如果这篇文章能为读者提供一点点的帮助，那就是最大的价值了，我还能有什么奢望呢？不是每一种价值都是明码标价的呀。

我不顾别人的冷嘲热讽，坚持每天更新，文章也渐渐被更多的人所了解和认可，在不到一个月的时间里，粉丝数已经达到了四位数，虽然依旧不能与大号们相提并论，但是与当初那个无人问津的小号相比，已经有天壤之别了。

这个时候，当初一些觉得做公众号没用的人又开始向我"取经"，问我如何做公号，如何涨粉，做这个的前景如何，有多大的价值。

其实，我也不知道会有什么样的前景或者价值，我知道的是，只要坚持写下去，就会有它存在的价值。而那些还没开始做就考虑它的价值的人，最终也不会看到它的价值。

04

社会越来越浮躁，人们越来越急功近利，"速成班""火箭班"遍地都是，大家总想在最短的时间内得到最大的收益，做事之前率先考虑的不是"我该如何做好"而是"这件事有没有用"。

告诉你，世上本没有诀窍，吹牛的人多了，也便有了"诀窍"。

哪个成功人士的路不是自己一步步试出来，走出来的呢？他们自己都没有诀窍，又怎么会告诉你所谓的诀窍呢？

如果非要说有诀窍，那大概就是他们能够不求结果地坚持做一件事很久很久吧。

凡是做事之前就计较得失的人，往往很难将事情坚持做下去，因为这种人一般迫切渴望结果，然而成功本就是一个很缓慢的过程，可能五年，可能十年，也可能一辈子。急功近利的人，在短期内看不到结果，就会认为此事没用而转向去做其他事，结果每件事都坚持不了几天，最后注定一事无成。

你就是总问"有什么用"才会这么没用啊！害了你的就是那颗急功近利的心。

所以，在决定做一件事之前，不要去设想它能带给你什么，而是想如何做好它，让它带给你最大的价值，然后坚持去做，相信"守得云开见月明"。

但行好事，莫问前程。

活得高级的人，都活得很精致

01

小苏早晨八点上班，可是她每天六点就会起床，除了洗漱，吃早饭以外，她会拿出接近一个小时的时间化妆。

从基础护理、打底，到眼妆、唇妆，各式各样的工具和化妆品在她手中灵巧娴熟地交替着，直到出现一张精致又美丽的面孔。

衣服是昨天晚上就搭配好的，鞋子和包包的颜色会根据衣服的色调做不同的改变。

这就是小苏，一颗冉冉升起的职场新星，在别人宁愿多睡十分钟然后邋邋遢遢去上班的时候，她依然坚持把自己打扮得一丝不苟。

小苏不是长相惊艳的女神，可是她很会打理自己，让人看了有一种很舒心的感觉。所以，在单位里大家都喜欢和小苏打交道，小苏的人缘也特别好。

我也喜欢和小苏一起出去玩。一是因为小苏收拾得很好看，和她在一起觉得倍儿有面子，试想谁愿意和一个不修边幅的人在一起呢？连拍照都很尴尬吧。二是因为所谓"物以类聚，人以群分"，和女神在一起我当然不敢怠慢，于是也会用拙劣的技艺将自己捯饬得不至于太丢人。

有一次，我对小苏说："你知道吗？我特别喜欢和你讲话。"

小苏不解地问为什么。

"因为我喜欢和好看的人讲话。"作为一枚颜控我毫不避讳。

"真是对这个看脸的世界绝望了。"小苏说道。

我一脸认真地说："可是我觉得看脸是有一定依据的。一个人把自己收拾得干净整洁，是对自己负责的一种表现啊，就像你。"

的确，小苏不仅对自己的外表十分负责，在生活和工作中秉持着认真负责的态度，大到工作文件的分类整理，小到办公桌的一尘不染，一切是那么井井有条，让人看了赏心悦目。

果然，由于工作认真，人缘又好，小苏很快就在实习生中脱颖而出，提前转正。

02

有人抱怨这个看脸的社会很不公平，我倒是想问一句：你对自己的脸都不能负责，你还能负责什么？

这世上本来就没有什么公不公平，只有优胜劣汰。在一个干净整洁的和一个不修边幅的人之中，你更倾向于哪一位？

可能有人要说了，我平时工作这么忙，哪有时间捯饬自己呀？有那个工夫还不如多睡会儿觉呢。

其实，收拾自己并不一定是要求你从发梢到脚跟都妆容精致，可是你得保持最起码的干净整洁呀。

小桶跟我诉苦说，最近不知道为什么，大家好像都在刻意疏远他，不愿意跟他说话了。

我忍着他身上刺鼻的气味说："你几天没洗澡了？"

"才三天而已呀。"小桶一脸迷惑，以为我在对他进行骚扰。

"这么热的天你居然三天没洗澡了！你闻不到你身上的气味吗？你就不能稍微打理一下自己吗？"我直言不讳。既然大家都愿意当好人，那这个锅就由我来背吧，毕竟我不忍心看一个迷茫的少年一辈子找不到对象。

"我就不明白了，打扮得好看有什么用啊？给谁看啊？你想，如果是走在街上，大家谁也不认识谁，打扮了也没用；如果在办公室，大家都各忙各的，也没有人会注意你的穿着；如果是和朋友在一起，大家都这么熟了，捯饬了会被骂装；如果是面对恋人，那她只看中我的外表的话，我觉得她也不值得爱。"小桶叨叨半天，貌似振振有词，其实狗屁不通。

"所以现在大家都不喜欢和你说话了啊！因为一靠近你就会有非常不舒服的感觉，且不说我觉得和一个穿着大裤衩，踢踏着人字拖的人讲话很LOW，光你身上的味道就已经帮你屏蔽方圆三百里的人了好吗？"

后来，我建议小桶勤洗澡，勤换衣，每天把自己捯饬得干净一些。后来，小桶惊奇地向我反映说："西风，你简直太神奇了，大家现在都喜欢和我聊天了。"

你的外貌是你最直接的名片，一张油腻冗长的履历表不及一件干净的白衬衫，这一点，男女通用。

03

就像小桶一样，许多人觉得不屑于过多关注自己的外表，觉得反正也没人看，有这个时间不如多学一些技能。殊不知，在这个快节奏的社会，好的外表已经成为一种软实力。正如一张整洁简约的名片永远比一张复杂的名片更能引人注目一样。

爱美是人类的天性，人对于美的事物有着一种先天性的偏好，就像不管男人女人都喜欢女神一样，因此，同样的两个人，在尚未了解的情况下，我们往往更喜欢和好看的那个接触。

所以，你可能学一年的技能都不及花一天时间打理自己有用。毕竟才华的施展需要一个机会，而好看的人更容易得到机会。

让自己变得更加好看，是对自己负责的一种态度。

如果你每天蓬头垢面，整个人就会显得毫无生气，做起事来也会慵懒乏力，拖拖拉拉，给人一种死气沉沉的感觉；相反，如果你每天把自己收拾得干净漂亮，不光会心情大好，做起事来也特别有干劲儿，整个人显得健康又精神，像个闪闪发光的小太阳。请问，你是愿意和沉闷的乌云共事，还是喜欢和温暖的太阳玩耍？

好看不仅指容貌的漂亮，还彰显着一个人的品位与涵养。

前段时间爆红网络的时尚老太 Joyce Carpati，虽然已经八十多岁了，可是依然妆容精致，穿着优雅大方，同时还有着岁月积淀的优雅，时间并没有夺去她的美貌，反而赋予了她更多的韵味，整个人高贵如同一位女王。

所以，长得丑不是你的错，身材不好不是你的错，年龄大也不是你的错，但如果你不好好打理自己的容貌，就是你的不对了。

学生时代，素面朝天尚可算作天真清纯，可一旦踏入社会，你的素颜和随意只能彰显你的懒惰、邋遢和无精打采。

活得高级的人都活得很精致，这是这个社会教会我们的道理。

我喜欢和精致的人说话，因为在这种人身上，你可以汲取到正能量，可以看到奋发向上的希望，这种力量是可以传染的，鼓动我们每一个人都变得更加美好。

让自己变得更有品位，是一门艺术，你可以不美，但一定要活得精致。

生活不会辜负每一个努力的人

01

我的朋友小柯是个畅销书作家。他做的让我艳羡的事情有很多，但让我觉得最牛的一件事，莫过于他二十三岁的时候就买下了第一套房。而今年同样年纪的我，还在为每个月高昂的房租而忙碌。

小柯中学的时候就特别爱好文学，平时喜欢翻看各种杂志，有一次他看到一篇林斤澜回忆汪曾祺的文章，说汪曾祺"动动手指就来钱"。那个年代，汪老随便一笔稿费，就足够大伙去一家好馆子撮一顿。

那一刻，小柯的心中顿时升腾起了作家梦。他写作的初衷完全是基于这么一个朴素的想法：写写就有稿费，可以吃好的，还没有风吹日晒。于是，他就开始琢磨起写作与投稿的事宜，很快就在报纸上发表了一首诗歌。

大学的时候他选择了法律系，但是依旧没有放弃写作。大二投给《光明日报》《中国青年报》几篇法律文章，一两个星期后就发表了，收到了好几百块钱的稿费，这在当时可是一笔巨资。

后来，他代表学校的诗社参加比赛，拿了个省特等奖。在杂志发表散文小说，稿费也不少，从此一发不可收拾。终于过上了梦寐以求的，动动手指就来钱的日子，没毕业就自己买了电脑，提前迈向经济独立。

2002 年底，离大学毕业还有半年，他提前去了一个心理学刊物求职，一下子就被老板录用了。

当时他与其他三个人租住在一个狭小的老式楼房里，每天为谁先用卫生间而闹得不可开交。他白天工作，晚上还要写作。写作需要安静的环境，而室友们的过于吵闹常常打断他的思路，后来，他就等室友们睡下后再爬起来继续写，从凌晨一点到凌晨四点，是他创作的时间。写完后，他小睡两个多小时，又要去挤公交上班。

这时候，他觉得自己不能再这么凑合下去了，他想要一个安稳又宁静的写作环境。于是，他决定买一套属于自己的房子。

他开始储蓄，从一个对经济对理财一窍不通的人，渐渐变成一个对理财略有了解的人。从拿到转正工资后第二年开始，就每个月按时零存整取，哪怕当时的房价，是本市人均收入的三四倍。

可是，小柯不在乎，他知道只要想要过自己的生活，就要加倍去为之努力。

工作的时候，别的同事躲在茶水间聊天谈八卦，他从来不参与。他的手机电量从来都是满格，不是他不敢放松，而是他怕稍微一放松，任务就会完不成。他没有时间加班，就要提高自己的效率，尽量不把任务留到下班以后，因为下班后他还要写书稿。

周末，室友或躺在床上玩一天手机，追一天剧，或出去吃饭聊天，他从不参与，而是挤出时间赶书稿。

他的第一笔书稿稿费在当时是一笔不小的数目。虽然偶尔也想偷懒，可是小柯知道，比起暂时的欢愉，这笔稿费的意义更大。他不能放松，就像一个马拉松运动员，一旦开始了征程，不到终点就绝不能停。

终于，2005 年，在他二十三岁时，买房了。

从前的室友嫉妒到红了眼，开始说酸话挤对他，甚至猜想他有个土豪爸爸。他们只看到了小柯年纪轻轻就自己买了房，却将他没日没夜伏案写作的努力一笔抹去；他们只看了这份来之不易的胜利果实，却对自己的懒散视而不见。没有一栋房子是躺在沙发就可以买来的。

为了获得靠谱的自由，为了过自己想要的生活，小柯用了无数个日夜来做准备。

也许你感觉自己的努力总是徒劳无功，但不必怀疑，你每天都离顶点更近一步。今天的你离顶点还遥遥无期。但你通过今天的努力，积蓄了明天勇攀高峰的力量。

有时候，我们如此努力，不是为了能改变世界，而是为了不让世界改变我们。

02

前段时间，我认识了一名电台主播，叫小北。

小北二十三岁的时候大学毕业，经历了考研失利、失恋、失业，一夜之间仿佛失去了所有。她一个人拖着行李箱在深夜的北京地铁站号啕大哭。然后，第二天，就在去电台应聘了主播的岗位。她知道生活从来不相信眼泪，除了努力，我们别无选择。

刚刚开始做电台主播那会儿，她还是一个普通话都说不标准的南方姑娘，拿着不到三千块的月薪，在大城市里尴尬地生存着。每当夜深人静的时候，她会躲在夜幕里抹去眼角委屈的泪水，把藏在心里的梦想拿出来擦一擦——她想在三十岁的时候，在大理开一家叫"一路向北"的客栈。

如果你已经制订了一个远大的计划，那么就要在生命中用最大的努力去实现。小北为了自己的梦想，开始努力提升自己。普通话不标准，她就每天清晨起来练发音；情感不够饱满，她就在读文章的时候仔细体会作者的思想感情；播音稿写得不够好，就在每天夜里看一本本的书。

每当快撑不下去的时候，她都会翻看听众在微博给她的留言，那是用无数的汗水换来的一条条肯定，又是这一条条肯定，激励她去变得更好，更好。

今年三月份的时候，她开通了自己的公众号，不管工作多忙，每天晚上九点零九分准时推送，如今半年过去，粉丝数量已经突破一百万。

有人说："小北，你真厉害，公众号运营半年就能有这么多粉丝。"也有人说："小北，你这么年轻身价就这么高了，前途无量啊。"

这些看似恭维实则含酸的人不知道，这样一个从一无所有到如今成立自己工作室的姑娘在这三年里经历了什么，做了多大的努力，又在不为人知的夜里流下了多少辛酸泪。

不是每一次努力都会有收获，但是，每一次收获都必须努力，这是一个不公平的不可逆转的命题。

如今，小北已经二十五岁，再也不是那个拖着行李箱在地铁站哭的青涩姑娘了，或许距离三十岁还遥远，可是我知道，她一定能在而立之年来临之时，开起那家"一路向北"的大理客栈。

人就是这样，越努力，越幸运。

03

我和璐璐从小一起长大，而如今我还北京的写字楼里"苟且偷生"，她已在西雅图的外贸公司谈笑风生。

高中的时候，璐璐的成绩就一直很优秀，我妈总是让我向她学习，我一边打着游戏一边满不在乎地说："哎呀，人家就是比较聪明啦，我学不来的。"

高考后，璐璐以优异的成绩被人大录取。我却在感叹上天没赐给我个好智商。

后来我去她家玩的时候才看到她书桌上堆积如山的练习册。原来，她把市面上能买到的练习册都做了一遍，各科笔记和错题集都做了五六本。而我呢，差不多把市面上能买的游戏都玩了一遍吧。

大二的时候，我还在纠结考哪所学校的研究生，璐璐已经开始为出国深造做准备了。她花高价报了某英语培训机构的辅导班，按照学姐学长的指导买了辅导材料，开始备战托福和GRE。从那个大二暑假开始，她假期就没有回过家。偶尔回家一次，也是待一个星期左右就走。

我问她为什么不在家里复习，她说在家里不安静，怕懈怠，还是一个人在寝室复习效率比较高。于是，在我暑假醉生梦死的时候，璐璐已经将辅导书看过一遍了。

不出所料，她最终被美国著名的斯坦福大学录取，开始了留学生涯。

她考上后，有很多学弟学妹来求经验，大家都把她当学神一样崇拜，说她天资聪颖，天赋极高，自己望尘莫及云云，其实他们根本不知道"学神"只不过是把他们玩的时间用在了复习上。

就像那句话说的，其实，以我们大多数人的努力程度，根本轮不上拼天赋，优秀的人之所以优秀，不过是他们真的付出了比你更多的努力。

总是有人抱怨努力没用，努力也不会有收获，那么，你能扪心自问一下你真的努力过吗？

努力是最不值得拿来夸口的东西，因为这只是人人都会做到的最渺小的东西啊。当你说出"正在努力"这种话的时候，就是仍在放纵自己的证据，那根本不算努力。

自己懒惰，自己放纵，自己过得不好，就不要给"努力"泼脏水好吗？

当你已经觉得自己非常努力时，必须明白一个不幸的事实，那就是不管你多努力，一定有人比你更努力。

努力是不会背叛自己的，虽然梦想有时会背叛自己，就算努力，也不见得一定能实现，但是，不如说，多数是实现不了的不过只是你没有努力过的事实罢了。

影响你成功的永远都不是"努力"，而是你无止境的借口和懒惰！

现在，我依然在只要一个人的办公室里写下这篇文章，我依然会在别人的不解中坚持写作。写作会占用我的空闲时间，也不会给我带来收入，可是以后的事，谁知道呢？比起年龄相仿的其他人，我真的是差太多了。唯有这样，我要更加努力。

不为模糊不清的未来担忧，只为清清楚楚的现在努力。

专注是成长的良药

01

前几年，朋友路子开了家餐馆，主打菜是卤水猪蹄。店面不大，生意却火爆得很，每天人来人往，座无虚席，尤其是到了周末和节假日，一定要提前预约才可以。

路子家的卤水猪蹄之所以广受欢迎，那是因为每一只猪蹄都是路子亲自挑选的，要挑选上等前蹄，一要看成色，二要闻味道，三要保证肉质透明有弹性。挑选完材料后，将焯水过的猪蹄装入特制的炖锅中，倒上大半锅水，依次加入料酒、酱油、葱姜、花椒、辣椒、草果等作料大火烧开再转小火慢炖，最后出锅的汤汁浓稠晶亮，令人垂涎欲滴。

整个流程都是路子亲自把关，一折腾就是半天的时间，但是为了保证主打菜的质量，路子宁愿多花些时间。事实也证明他的坚持是对的，餐馆生意很火爆。

当然，对开饭馆的人来说，做菜首先是生意，所以那些好吃的菜，一旦上了榜，地位也尊贵起来，立马成了摇钱树。然而一道菜显然不能满足老板的需求，所以，原本简洁的菜单必然会变得名目繁多。

路子也不例外，他在主打菜"卤水猪蹄"的旁边又悄悄加上了"白斩鸡""奶汤鲫鱼"等其他菜名。后来又拼命扩张，在黄金地段开了"上档次"的大门面，菜品是越来越多，店面也是越来越大，可是生意却越来越惨淡。半年后败下阵来，灰头土脸回到原先的小店。

那天，路子叫我们几个朋友去他的小店吃饭，还亲自下厨做了他最拿手的卤水猪蹄。

路子吃了两口那劲道十足的猪蹄，突然停下，感慨起来："你说我当时店面那么小，只懂得做猪蹄，生意还挺好的，后来我想扩展一下吧，请了新的厨师，添了好多新菜，还开了分店，怎么就不行了呢？"

我说："路子，你今天做的这道猪蹄特别好吃，你是怎么做的啊？"

路子一听又来了精神，比画着开始说做猪蹄的流程："我先去市场上挑上等的猪蹄，要保证肉质新鲜，有弹性，然后再……"

等路子兴奋地讲完，我说："你看，这就是你当初生意火爆的原因。"

路子迷茫地看着我，表示不解。

我继续说："一个馆子好吃的菜肴就那几道，厨师用心之外，唯手熟尔。顾客千里迢迢跑去一家饭馆，只为一道主菜就可以了。当时你专注做猪蹄，虽然单一，但是好吃有特点，大家就奔着你的猪蹄去。后来，你请了新的厨师，扩大了店面，虽然看上去光鲜亮丽的，可是菜多了，用心的程度也就差了，你的主打菜很多，可没有一样让人印象深刻，吃了再来，就连你的猪蹄都稀松平常了。"

我拿起盘中的猪蹄，给他打了个比方："你就是个卖猪蹄的，新店连猪蹄都没心思做，怎么好得了？就像全聚德就是卖烤鸭的，人家只做烤鸭，专心做烤鸭，生意当然好，你要让它兼顾做烤鱼，那必定会衰败。孙悟空耍的是金箍棒，你如果让他又耍九齿钉耙又舞降妖宝杖，非但不能更厉害，反而会威力大减。其实，一个人能始终专注一件事才是最厉害的。"

路子恍然大悟，决心从头开始，专心做猪蹄，将自己家的猪蹄做出特色。现在，他的生意比以前还火爆，可是他再也不想着盲目扩展菜谱了，只是专心研究自己的独家秘方。

路子的经历很像我家那边当时开的一个叫"蜂蜜小面包"的店铺。

当时，蜂蜜小面包刚刚在我家那边流行起来。它那外酥里软，松脆可口的味道吸引了大批顾客前来购买，门前更是大排长龙，有时要排一个多小时的队才能买到，而且一人只限购三斤。不少顾客为能买到蜂蜜小面包而觉得无限荣耀。老板更是赚了个盆丰钵满。

后来，不知怎么的，他家的顾客越来越少，最后门可罗雀，竟然悄悄关门大吉。

我后来了解到，原来自从生意好了以后，这对夫妻便开始琢磨如何赚更多的钱。他们开始引进机器，学习做新的糕点，甚至还学习了做生日蛋糕。不过他们的手艺并不成熟，做的糕点一点也不好吃。由于分散了精力，连蜂蜜小面包也大打折扣，不但个头变小，还经常烤过头，慢慢地，大家就不愿再光顾，店面生意越来越差，已经面临亏损，夫妻俩只好关门了。

其实路子和这对夫妻共同的失误之处就在于贪多嚼不烂。

人的精力是有限的，不需要每件事都做得好。其实只要一件事做得好，你就有无限的机会。

李云迪生活不能自理却依旧是闻名世界的钢琴大师，李安做生意屡遭失败却能拍出一部部令人叹服的经典影片，国民才女张充和数学零分却因国文满分被北大录取。

他们都是优秀的成功人士，却不是完美的人，他们之所以能在自己的领取取得成就，原因就在于他们把毕生的经历都倾注在了一件事情上。没有专注力的人生，就仿佛睁大双眼却什么也看不见，满身力气却永远也使不出来。

02

知名主持人杨澜于 2000 年在中国香港创办了阳光卫视，当时十分轰动，最后却不了了之。

当时杨澜很苦恼，觉得自己在电视行业做了这么多年，又这么努力，甚至在怀孕的时候也在进行商业谈判，怎么可能会失败呢？

杨澜表示，自己从小受到的教育就是：只要你努力，就会成功。可是经历了这次商业上的挫败，她发现自己确实不是很懂商业模式和市场规则，觉得自己以前受到的教育理论是存在问题的。

杨澜是一个好媒体人，却不是一个好商人。之所以能成为一名优秀的记者，是因为她把太多的精力倾注在采访主持事业上，才取得了今天的成功，而后来，她又做投资又做卫视，无法专注一件事情，自然就做不到以前的高度。

努力没有错，可是能带来成功的努力只有一种，那就是专注于一件事的努力。

乔布斯也说过：专注和简单一直是我的秘诀之一。简单可能比复杂更难做到，你必须努力理清思路，从而使其变得简单，一旦你做到了，便可以创造奇迹。

在杨澜职业生涯的前十五年，她都是一直在做加法，做了主持人，就要求导演：是不是我可以自己来写台词。写了台词，就问导演：可不可以我自己做一次编辑？做完编辑，就问主任：可不可以让我做一次制片人？做了制片人，就想：我能不能同时负责几个节目。负责了几个节目后，就想能不能办个频道？人生中一直在做加法，加到阳光卫视，她知道了，人生中，你只能专注于一件事。

在做完一系列的加法后，杨澜不想疯狂地工作下去了，她开始做减法了。她把自己定位于：一个懂得市场规律的文化人，一个懂得和世界交流的文化人。在做好主持人工作的同时，涉猎一些社会公益方面的活动，但不会倾注太多精力。后来，果然又成为媒体界的翘楚。

很多刚毕业的大学生走上工作岗位的时候，容易产生这种思想：我一定要让自己多学东西，称为全能人才。其实根本不用着急。如果你能在一件工作上做得比别人好一点点，不需要很多，你就有下一次机会去做更大的事。

但如果你什么都不做，停在那儿抱怨：我在其他方面还比他们强呢。那根本没用，这个世界没有人想听这样的话，大家只关注你做事的结果。所以你只要专注在某一方面，比别人好一点点，你就有成长的机会。

03

记得当初复习考研那会儿，好多辅导机构和参考资料铺天盖地而来，每家都说自己押题最准，命中率最高。好多考生都是第一次参加考试，都想背水一战，不留遗憾，所以把能报的辅导班都报了，能买的辅导资料都买了，看上去很破本吧，那一定得感天动地取得个好成绩吧。

其实根本不可能。因为他们的资料太多，选择太多，反而分散了精力。

同学小宋光政治辅导材料就买了四五本，还报了两个辅导机构的培训班，他一会儿翻翻这本材料，一会儿看看那本秘籍，折腾一晚上，头晕眼花还心累，问他记住了多少，他摇摇头，一句话都背不下来，感觉看了一晚上书，什么也记不住。

而我因为没钱的缘故，只买了一本市面上评价最好的资料，对其他哗众取宠的宣传资料充耳不闻，专心研读这一本，一晚上就能背下三四章，反而取得了不错的成绩。

随着生活节奏的加快，我们的时间也在碎片化，同时我们的专注力也在退化，无法专注地看完一篇长文章，无法专注地完成一项持久的任务。

有些人，整天忙忙碌碌，疲惫不堪，却依然取得不了什么成果，原因就在于无法专注去做一件事情。太贪心，反而会一无所有。

如果你现在感到迷茫，感到疲惫，感觉到了人生的瓶颈期，不妨停下来想一想，哪些是你最想得到的，然后专注于你想要的，而不是你不想要的，心无旁骛地去做它。

当你专注于你想要的，你自然会向它靠近；同样地，当你专注于你不想要的，就会离你想要的越来越远。

人的思想是了不起的，只要专注于某一项事业或者某一段感情，就一定会做出让自己都感到吃惊的事情。

别让无效努力害了你

01

前段时间，有个姑娘来我们公司面试，我去会议室复印文件的时候恰好听到了她和 HR 的一段对话。

HR 问："你之前的工作是做什么的呢？"

姑娘腼腆地说："我是去年毕业的，毕业后回家做了中学教师，前几天刚辞职。"

HR 追问："那你为什么辞职呀？"

姑娘两眼放光，激动地说："因为我以前的工作每天就是按时上课、下课，天天如此，感觉很无聊，我不喜欢过那种稳定的朝九晚五的生活，我想趁年轻多折腾一下。"

HR 迟疑地说："可是我们可能会经常加班，你能接受吗？"

姑娘坚定地说："能！我不怕加班，我觉得年轻人就是应该奋斗的！"

这话很励志对不对？没毛病啊，多感人！可是我却忍不住想笑出声，又觉得这样太打击小姑娘了不太礼貌，就硬生生地憋着，任由嘴咧到了耳朵根。

笑什么呢？因为我当初面试的时候，也说了和这位姑娘类似的话，现在想来，还真是青涩得很啊。

不喜欢朝九晚五的工作节奏？请问，哪一份需要坐班的工作不是至少八小时的工作时间？

不喜欢周而复始的工作内容？请问，哪一份工作在形成固定的模式后不是一种重复的劳动？

年轻人渴望奋斗，保持向上的心情是很正确的，可是能不能真正理解奋斗的含义就不一定了。

真正的奋斗不是看每天谁最后一个下班，不是看谁加班的时间长，而是在于你能不能在有限的时间内，认真而高效地完成应该做的工作；

真正的奋斗不是你今天学这个东西，明天又去琢磨另一个东西，东一榔头西一棒子，看似忙忙碌碌却无所得，而是有目标、有规划地为一件事情努力；

真正的奋斗不是你每天做完手头工作就万事大吉，而是合理安排时间，不断充实自己和提高自己。

奋斗，绝不是一种形式，而是一种有目的有规划的行动。

面试的姑娘辞掉上份工作的原因是：工作形式朝九晚五，工作内容重复，可是她忘了，与教师的工作相比，编辑的工作更是一种无聊的、疲乏的重复。

我们每天十点上班打卡，打开电脑就开始天南海北地找稿件，一坐就是一天，没有交流，不与外界联系，幸运的话，下午六点可以按时打卡回家，赶上刊期紧张的时候，加夜班就成了家常便饭，甚至节假日和周末都要加班。这可真的一点儿都没有奋斗的喜悦。

我猜想姑娘如果真的顺利入职，那我司恐怕要令小姐失望了。

第二天我上班的时候路过会议室，看见那个面试的姑娘正喜滋滋地填写入职申请表，我在为她高兴的同时也暗自希望她能坚持下来。

可是后来一段时间，我突然发觉很久没见到那位姑娘了。

一次，我恰好和当初面试姑娘的那位 HR 同乘电梯，就询问了一下。结果 HR 很惊讶地对我说："那姑娘干了不到半个月就走了，连试用期都没过，你不知道吗？"

我用比她惊讶十倍的语气说："不知道啊！什么原因啊？"

询问之下我才得知，原来姑娘入职的那周正巧赶上部门集体大加班，年底事情也多，所以比较劳累，又加上每天工作的重复性，很快将姑娘当初的新鲜感和动力消磨得一干二净，最后她发现每天窝在办公室里对着电脑一动不动，还得加班，竟不如自己之前那份教师的工作。

做老师的时候每天还可以和学生们说说笑笑，早早下班后还能和三五好友小聚，寒暑假更是可以四处旅游。她忽然开始怀念以前自己曾经讨厌的生活了，想回家了。

临走时，她很凄然地留下一句："可能我这种人就不适合奋斗吧。"

其实，是这位姑娘一直都没有搞清奋斗的意义。

奋斗与工作无关，与你所处的环境也没有关系。它是一场独角戏，自始至终就只有你一个人，为了一个美好结局去坚持做一些事情罢了。有些路很遥远，走下去会很累，可是，不走，又会很后悔。这才是你坚持奋斗的动力。

02

这位姑娘让我想到了安茹和君君的故事。

安茹和君君是大学同学，毕业后，一心想进电视台工作的安茹几次求职遭拒，不得以听从父母的安排考了公务员，在政府部门做了一名文员。

而君君想趁年轻的时候多出去转转，好好奋斗一把，只身来到了北京，在一家广告公司做文案策划。

君君一直讥讽安茹年纪轻轻就选择了安逸和稳定，不像自己一样有出来闯荡的勇气，还断言安茹以后一定会后悔的。

面对君君的优越感和冷嘲热讽，安茹一直笑笑不说话。

工作以后，君君每天都非常忙，忙着与客户谈合同，忙着写广告文案，每天都像陀螺一样转来转去，周末加班不说，有时候正常的工作日也会集体加班到凌晨三四点。

我曾看到过君君在凌晨四点半发过一条朋友圈，是一张在办公室里的自拍，还配有一行字：终于写完了今天的文案，收工啦！

自拍中的君君面色发黄，浓浓的黑眼圈让她看上去像中了毒，眼袋也垂到了下巴，明明只有二十来岁的她看上去老了十岁。

我好奇地问君君："你们工作那么忙，每天加班都干什么呀？"

君君说："其实也没什么事情，就是找好的广告版式，老板不满意就一直找呗，直到找到他满意为止。"

"那你工作这么久还没有摸清你们老板的喜好吗？按照他喜欢的风格来找不就行了？"我不解地问。

君君叹了口气说："不同的广告内容要用不用的版式，是没有套路可言的，唉，所以就一直找。"

"那你工作一年多了，感觉有什么收获吗？"我小心翼翼地问。

"别提了，一开始我还觉得我年轻，加点班，累一点没关系，这是青春啊，是奋斗啊！可是后来我越来越觉得不对劲，每天做这种重复的工作，每天都忙忙碌碌，却好像什么也没做一样。看到别人下班聚餐，周末郊游，假期还来个短途旅行，我别提多羡慕了，来北京快两年了，我其实连故宫和长城都没去过。"君君越说越难过。

反之，安茹在做了公务员以后，除了完成每天的工作之外，还在自学媒体相关知识，并利用下班后的空余时间在网上注册了自己的电台，每天都坚持录一段音频，现在已经积累了一大批的粉丝。

除了补习媒体从业者的知识外，安茹还报了吉他的培训班，每天都坚持练习，现在已经会弹奏很多曲目了，不仅为生活增添了很多乐趣，更是为自己将来进入电视台增添了筹码。

后来，安茹觉得自己准备得差不多了，辞去了公务员的职务，参加了全国广播电台编辑记者和播音员主持人资格考试，并且顺利通过，成功进入电视台工作，实现了自己的小小梦想，也完成了职业规划的第一步。

03

君君得知以后，觉得非常委屈，为什么自己这么努力，两年过去除了浓浓的黑眼圈之外却一无所获，而安茹看似轻松却轻而易举地实现了自己的目标？

其实，努力和奋斗不是没有意义地做零散而机械的工作，而是一种有方向有目的的活动。就像安茹，虽然一开始工作不称心意，也和自己的职业规划大相径庭，可是她一直没有放弃努力。谁说公务员就该喝茶看报，朝九晚五？工作是固定的，可是生活是自己的，怎样将平凡的日子过得精彩，完全取决于你自己。

有的人看似每天忙忙碌碌，其实都是毫无意义地消耗精力，浪费时间。不是每一种"忙"都能实现人生的价值。

曾经我们一度认为一群人熬夜加班，最终会做出一件件非常牛的事情，非常了不起，很奋斗，很热血，不得不承认有的人确实做出了成绩。但是后来我们可以发现，更多的人却依旧庸庸碌碌，因为工作是永无止境的，而生命的长度却是有限的，当你在无数次加班的时候，有没有停下来问过自己：这是你想要的吗？这样做的意义在哪里？

　　你一定得认识到自己想往哪个方向发展，然后一定要对准那个方向出发，要马上。你浪费不起多一秒的时间了，你的生命正在马不停蹄地向前奔跑，你真的浪费不起了。

　　一个人若能自信地向他梦想的方向前进，努力经营他所想要的生活，他通常是可以获得意想不到的成功的。

　　每一个看似幸运儿的背后，都有着周详的规划和十年如一日的坚持。朝着自己的人生目标而不断努力，拥有这种想法的人，才是真正的强者。

　　从现在开始，抛弃无意义的事情，扪心自问你心中所想，不要再忙忙碌碌而无所得了，生命可贵，你真的不能再这样混下去了！

不会花钱的人，往往也不会赚钱

01

最近，雨洁想买支 YSL 的星辰口红当作给自己的圣诞礼物，原本以为代购会便宜很多，结果在某宝上翻了四五页，价格都在三百元左右，雨洁皱着眉，犹豫了。

忽然，她在一堆三位数中发现了一个"鸡立鹤群"的"三十八元"！简直是福音！雨洁眼前一亮，喜上眉梢，赶紧点开看。

原来是 YSL 的口红小样，怪不得这么便宜。

常买化妆品的姑娘都知道，小样是厂家在消费者购买正品时所赠送的试用装小礼物，通常要比正装小一半以上。不少代购和经销商却将小样偷偷留下，作为正品以便宜的价格出售，当然其中不乏许多假货。

然而，即便知道很有可能是假货，买小样的姑娘依然趋之若鹜，除了抱着以便宜的价格买到正品的体验外，更多的也是一种尴尬的虚荣心在作祟吧。

雨洁就是其中之一。

她翻了近十条评论，基本都是对此口红是否是正品的质疑。雨洁犹豫不决，截了个图发过来问我她要不要买，不买吧，万一是正品，她错过了岂不是很吃亏，买吧，万一是假货，那不是更吃亏？

我说，姑娘别傻了，正品三百多元的口红，现在卖你三十多元，你说是不是正品？

"真的好想买这个颜色的口红啊，可是正品太贵了，我该怎么办啊？要不要买，万一是正品呢？不如买个试试？"雨洁说。

其实她心中早有答案，只不过是缺乏一个支持。

雨洁缺钱吗？其实她不差钱，每个月有小一万的收入，买支两三百的口红根本谈不上奢侈。可是她就是舍不得花钱为自己服务。

她每天吃难吃但便宜的便当，买某宝和大卖场的廉价衣物，现在甚至连支口红都要买盗版的小样。所以，工作两年了，当雨洁以前的同学都从丑小鸭变成白天鹅的时候，她还是以前那个普通得不能再普通的路人姑娘。

有一次，总部经理来雨洁所在的分公司检查，总监要带几个职员和经理一起吃饭。他叫了工作表现和综合素质一般的豆豆和心心，却没有叫月月绩效第一的雨洁。

雨洁觉得很委屈，打电话跟我哭诉，说遭受了不公平的待遇，总监肯定是看自己不顺眼。

我说，你把豆豆和心心的照片发给我看看。

不一会儿，雨洁把豆豆和心心的照片发给我，我一看，妈呀，妆容精致，服装得体且剪裁精良，这种姑娘不带出撑场面，简直不是人啊。相比之下，雨洁路人甲的形象就差多了。

不是雨洁长得不好看，而是她一直舍不得花钱投资自己。"人靠衣服马靠鞍"，虽然说人的内在是最重要的，不过就凭你的颜值，还没到让人对你内在感兴趣的地步啊。

的确，年轻的时候穿得随心所欲，全身上下都是平价的衣服也无可厚非。然而，随着年龄的增长，如果身上没有一个地方穿戴的是质感高级的衣物，只会徒增人到中年，甚至是老年的悲哀。上了年纪还穿便宜货的人，自然而然会散发出凄惨的负面气场和落魄气息。

现在很多年轻人倾向于攒钱，因为未来一片迷茫，心中忐忑不安，这是可以理解的。不过，偶尔奢侈一下，去看自己想看的风景，去买自己想买的东西，对自己进行投资不也是很有必要的吗？

吝啬的人等待他们的往往是更加吝啬的人生。不会花钱的人，也不会赚钱。

02

但是，一味地花钱，就能改变自己的人生吗？那也未必。

最近有一部超级烂片上映了，按理票房应该很惨淡吧，可是收益却依旧不错。因为再烂的片子，中途退场的人也不会超过百分之三十，就是说，在百分之六十五的人看来，九十分钟的时间价值不会超过三十元的票价。

用便宜的价格看一场自己并不喜欢的电影，还觉得自己赚了，这是典型的穷人思维。你明明可以用这两小时干更有意义的事或者用这三十元吃一顿比较丰盛的午餐，可你偏偏用它做了一件对自己毫无意义的事，当然，如果这部电影给你带来了欢乐，那就另当别论。

这就是一种错误的、无效的投资，这种投资对你来说没有任何意义。

心理学中还有一个有趣的"买鞋定理"。

假设你在商场买了双鞋，大小没问题，但真正穿时却发现夹脚，退又退不掉，于是，你会经历下面的心理挣扎：

"不甘心定理"：这双鞋对你而言越贵（换句话说，你越穷），你尝试穿一下的次数也就越多（受的罪越多）；

"侥幸定理"：你确定穿不了了，那么这双鞋越贵，你放在家里占地方的时间越长；

"绝望定理"：无论你放多长时间，总有一天，你都会把它扔了，有多远扔多远。

世界清静了。可早知今日，何必当初？

而正确的消费观则完全相反：花钱，要么是为了赚钱，要么是为了享受，两样都不搭的事，就不值得白白浪费精力。

就像雨洁为了一支廉价的盗版口红劳神费力，左思右想了大半天一样。不但不能给自己带来增值（比如口红对自己魅力的提升），也不能给自己带来经济效益（比如利用思索的时间去工作，赚钱）。

超市里的被子打折，有大、中、小三种规格，原价是三百元、二百五十元、二百元，现价一律一百五十元。根据售货员的经验：穷人更倾向于买大的——省钱，有钱人更倾向于需要的尺寸——自己的需求。

心理学上称之为"管窥效应"，就是指人们在资源匮乏的情况下会变得更为专注，但注意力过度聚焦会导致判断力下降。

什么意思呢？因为"穷人思维"让我们过于关注于拥有的资源本身，所以常常忽略另外一些更重要的东西，比如——你的目标和你的需求。

就像雨洁想买一只YSL某色系的口红，这是她的目标和需求，而她却因为过分关注价格，而偏离了自己原本的需求：由口红转向关注价格，由价格转向关注真假。

即使她买了便宜的假货，但这支口红依然不能带给她原本能够达到的效果。

挣钱和花钱都不是目的，挣钱时能更多地体现你的人生价值，花钱时更好地实现你的人生目标才是最重要的。因为人生本来就有两种目的：一是得到你想要的，二是享受你所得到的。

03

挣钱是一种能力，而花钱却是一门技术。

我的前辈丹姐就是因为掌握了正确的花钱方式，才改变了她原本的生活。

丹姐以前只是一名普通的公务员，每天过着朝九晚五，死气沉沉的生活，没有任何投资理念。

可是后来，她花高价办了个美容院的会员卡，每周定期做护肤，修理头发，妆容也渐渐精致起来。以前买一套几百块的化妆品都要犹豫再三的她，现在用的都是上千的套装，当然，丹姐的皮肤和气色也越来越好。

以前，买个瑜伽垫都要货比三家的她，现在办了健身会所的年卡，有专门的教练指导，每周做有规律的运动，不但身材变好了，整个人也愈加容光焕发。

她还捡起了曾经学过的插画技能，每天在网上发一些自己画的插画，时不时地还发张自拍生活照，慢慢地积攒了一些人气。

现在的丹姐，在插画圈已小有名气，她早就辞去了原来的工作，创办了自己的工作室，现在一个月的收入，都快赶上她以前的年薪了。

我曾很震惊地问丹姐，是什么改变了她，是不是有高人指点，老司机求带啊。

丹姐笑得花枝乱颤，说哪有什么高人指点，其实完全是一个巧合。

有一次，丹姐买了机票准备去旅行，由于种种原因，竟然得到了升舱的机会，由经济舱升到了头等舱。

以前，丹姐只知道经济舱和商务舱，只有座位比较靠前的时候，才能从隔帘的缝隙里偷偷窥见头等舱的情形。那次意外的升舱，让丹姐生平第一次见识到了头等舱，这真是一个全新的世界，更巧的是，她还恰好遇到了某艺人。

头等舱的舒适和乘客的等级让丹姐暗下决心：以后哪怕是再贵也要坐头等舱！这是我的生活态度！

一辈子只坐经济舱的人绝没有机会见识到头等舱的情形，而只要乘坐过一次，哪怕不情愿花钱也想再亲自体验一把。

人的生活方式也是一样的，不努力追求更高的目标，就无法见识到更广阔的世界。而追求更高目标的前提，就是投资自己。

从那开始，丹姐继续开始投资自己，改变自己，终于换来了更大的回报，她的人生也从此改变。

德国剧作家柯策布曾有一句名言："不以贫穷为耻。"许多人把这句话当作贫困的遮羞布挂在嘴边，可是没有一个人从内心深处认同这句话。那些声称金钱罪大恶极的人，多半也是为自己的贫困在自我催眠。

二十几岁的奋斗结果会反映到三十几岁的人生，而三十几岁的努力和四十几岁的充实感是成正比的。

所以，趁你还年轻的时候，不要吝啬，学会花钱，学会投资，将对你今后的人生有重大的影响。

记住，有时候一个人为不花钱得到的东西付出的代价更高。

实力才是一个人最好的名牌

01

最近和茵茵约饭的时候，我发现茵茵换了一个 Gucci 的小包，立马儿"谄媚"道："富婆，你这一个包够我活半年了。"

茵茵叹了一口气说："其实我现在早对这些品牌无感了，在我眼里它们都只是个装东西的包而已。"

我嘲讽茵茵站着说话不腰疼，得了便宜还卖乖，茵茵却将目光投向了窗外，好像说给我听，又好像说给自己听一般，小声地叹了口气："其实，最初的时候，我曾经因为一个 LV 而彻夜痛哭。"

茵茵最初在一家外贸公司上班，由于工作环境的原因，周围的人背的不是 LV 就是 Gucci、Chanel，最次也是个 MK。

可是茵茵没有这方面的意识，依旧每天背着自己从淘宝买来的六十九块的包包而乐此不疲。

直到有一天，他们公司聚餐，女同事们讨论的不是包包就是鞋子，各种眼花缭乱的品牌让茵茵有点晕眩，她完全插不上话，只好坐在一旁默默地听着，用喝水来掩饰自己的尴尬。

在一旁的莉姐看到了角落里的茵茵，觉察到了她的尴尬，于是，悄悄凑到她耳边说："茵茵，你都工作了，也该给自己买个好一点的包了，人有的时候还是需要一点表面文章的，尤其是像咱们这种做公关销售的，有时候，你的品位决定了你的气场。"

茵茵恍然大悟，难怪和其他同事一起出去签合同，对方都喜欢听同事侃侃而谈，而对自己置之不理呢，原来，是他们看自己太过朴素，以为自己是职场新人，所以不重视。

当晚回到家，茵茵就决定给自己"放一回血"，好歹也要买个名牌包包。她浏览了几个购物网站，发现即使代购也动辄上万，不由得有些灰心丧气。正当她惆怅地准备关掉网页的时候，突然出现了一个店家，写着诸如"欧洲代购LV，正品，八百块"之类的字样。

难道真有这么便宜的LV？不会是钱包吧？茵茵既惊喜又困惑地打开那家店铺的网页，只见商品详情里写着"原单，高仿"字样，瞬间就明白了这是假货。一个假包也敢卖八百块，真是无良商家啊。

她失望地想关掉网页时，又不经意地瞥见了买家评价，几乎都在评价看不出来是假的，和真的一样。

茵茵又犹豫了，既然买不起真的，那要不要买个假的先装一下呢？可是八百块买个假包，心里也是很难受的，毕竟八百块对于刚工作没多久的茵茵来说也不算个小数目。

纠结之间，她还是把那个假包放进了购物车。

第二天一醒来，她深吸一口气，果断就下单了。

等待"LV"那几天，茵茵既期待又忐忑，每天都有点神情恍惚。

终于，某天下午，包到了。茵茵没有在办公室打开包裹，同事们好奇地问她是什么东西时，她用给妈妈买的衣服搪塞了过去，毕竟如果说是给自己买的东西，同事们一定会让她打开看的。

回到家后，茵茵激动地打开包装，一只小巧精致的棕色手提包出现在她面前，两个硕大的字母纠缠在一起，体现着自己的价值。

茵茵没有见过真的LV，她反复摸着那只精巧的包包，觉得大概真包也不过如此吧，于是爽快地给了好评。

第二天，茵茵忐忑地拎着这个包去上班，始终觉得有点底气不足，可她还是挺直了腰板，努力拿出一副"我拎的就是真包"的气势，昂着头走进了办公室。

一到办公室，茵茵的新包便引来了其他女同事们的注意，大家纷纷过来围观，品评着这款包的样子和型号。茵茵僵硬地笑着，害怕被她们认出是假货，可是也只能任由她们将新包抢来抢去。

突然，同事江江惊叫起来："哎，LV的拉链上应该有logo啊，这个怎么没有？"

一瞬间，大家仿佛都明白了是怎么一回事，刚才热闹的气氛一下子安静下来，大家心照不宣地散了。

茵茵一个人坐在工位上，只觉得脸烧得发烫，骄傲的自尊心和当众的屈辱让她忍不住哭了，她一气之下把那个假的LV扔进了垃圾桶，可是一想到那包毕竟也是八百多买的，最终又捡了回来。

从此，茵茵再也没有用过它，她重新背起那个六十九块的小包，决心一定要买一个真正的LV。

02

定下目标之后，茵茵整个人都像打了鸡血一样燃烧起来。

她努力地工作，虚心向其他前辈请教，暗暗学习同辈中佼佼者的工作技巧，不断思考琢磨，甚至每天加班到很晚，终于摸索出了一套自己的销售模式，凭借这套模式，她冲到了销售冠军，拿到了组里最高的绩效奖。

除了日常的工作之外，茵茵还接一些私活，比如替别的公司写销售文案，虽然赚的不多，但是也够日常的生活费用了。只不过做过文案的都知道，文案看似轻松简单，其实十分费脑，茵茵也常常为了一个策划冥思苦想，熬到凌晨两三点才睡。

就这样过了三个月，茵茵终于攒够了一笔买名牌包包的钱。

发工资那天，她开心地到银泰选了一款经典款的LV小背包，摸到真品的那一瞬间，她才知道自己当时那个八百块的假包是多么可笑。

"刷卡！"当茵茵把自己的银行卡递出去的那一瞬间，竟然一点都不觉得心疼，只有目标达成的快感。

买完包那晚，茵茵喜滋滋地背着她的小包到三里屯溜达，不巧在星巴克的吧台前遇到了一个年轻漂亮的妹子，妹子在桌子上放着一个大号的限量款的 LV 包包。

刚刚从店里出来的茵茵当然知道那款包包的价格，那是她绝对买不起的，可是这个看上去比自己还年轻的姑娘竟然就能这么随意地拎着它，茵茵刚才还高涨的心情好像突然被泼了一盆冷水，所有的喜悦与骄傲瞬间崩溃。

这世界终究是不公平的，有些人很努力才能得到的甚至努力也得不到的东西，有些人却能轻而易举地拥有。这世界不是所有的东西都可以用努力得到，有些差距是永远无法填补的沟壑。

茵茵想到了自己拼命工作攒钱的日日夜夜，又想到了那个年轻富态的拎着限量版 LV 的姑娘，突然觉得自己的辛苦像一场笑话，莫名的委屈涌上心头，她一个人躲在没开灯的房间里嘤嘤地哭了，那个刚刚到手的 LV 也失去了它刚才的光芒。

"啊，买了 LV 还不高兴，还彻夜痛哭，你真是够矫情啊，女孩子不要老是攀比，不要太虚荣哦。"我听完茵茵的讲述，叼着西瓜汁的吸管，吐槽着。

"其实不是攀比，也不是虚荣，就是一种怎么努力也追不上别人的挫败感。我之前以为，只要努力就能赶上别人，只要努力，就能争取到属于自己的位置，可是那时候我才发现，人有时候真的很无奈。"茵茵搅动着她的橙汁，喃喃道。

"那后来呢？你又是如何逆袭的？"我继续追问，因为现在的茵茵已经是一家创业的公司的独立合伙人了，典型的小富婆一枚，现在不是她羡慕别人，而是无数的小姑娘羡慕她了，比如我。

"后来，有一次，我背着我那款真的 LV 去见客户，由于衣着普通，职位也不高，依然被对方的工作人员看轻，我在洗手间的时候，听到客户公司那两个女代表在说我的包是假的，说我是个虚荣心很强的姑娘。我当时就想，如果你没有一定的地位和影响力，你用名牌包，别人也会觉得你用的是水货，而当你达到了一定的位置，就算你用的是假包，别人也会以为你用的是真的。其实，什么事都是这个道理。"茵茵停止了手中的搅动，抬起头来看着我说，"与其花时间和金钱去追求名牌，倒不如把自己活成名牌。"

后来，茵茵因为业绩出色而被猎头公司挖走，升了职，薪水也翻了倍。那年，她去美国出差，在专卖店里，买到了自己的第一个限量版的 LV。

那天，她突然想起了那个自己因为一个包而痛苦的夜晚，那种无力感在现在看来，不免有些小题大做了。

"其实我不喜欢名牌，我欣赏不了 LV 的设计风格。现在想来，但是追求的或许并不是一个名牌包包，而是一个目标，一个觉得自己可以实现的目标，一个可以为之努力奋斗的具体的东西。"茵茵说。

现在的茵茵，已经可以随便买各种名牌了，可是她却再没有了当年的喜悦之情，对她来说，所有的名牌，不过只是一个物件，而她本身，早已成为了一个独立的品牌。

如果你羡慕一个成功者的富贵，请别一味地模仿他们富贵后的事情，比如买名牌的手表包包之类，气质和品味是学不来的，硬撑着模仿，最多也只能图个穷开心罢了。

要模仿，就要模仿他们成功之前做的事，那些如虎一般的果敢，如鹰一般的专注，如蛹一般的耐心——模仿他们把自己打磨成一个名牌的过程。

03

其实，我也有过类似茵茵的感悟。

去年冬天，朋友所在的公司负责承办一个明星的生日会，朋友送了我一张入场券邀请我参加，并叮嘱我好好收拾一下，会有很多知名人士参加，不要太寒酸。

道理我都是懂的，我也不想随随便便裹件羽绒服就去人家明星的生日会啊，于是我回家就开始翻箱倒柜地找合适的礼服，翻了一个多小时，瘫倒在一堆衣服里的我得出了一个结论：这么多年来，我可能是裸奔过来的。

没有合适衣服的我突然充满了挫败感，一点儿也不想去什么生日会了，也不想见仰慕已久的大佬们了，我跟朋友打电话说身体突然不适，去不了了，在那头骂骂咧咧的"怎么还突然不适了？你是中风了还是中邪了……"的抱怨中挂掉了电话。

我没有去参加生日会，也没在家待着，一个人去了附近的万达广场溜达。

想想自己都快工作小半年了，虽然衣服也没少买，但是关键时刻居然一件可以穿去正式场合的都没有，心里满是挫败感。

正在我胡思乱想之际，突然发现了一件皮草，感觉不错，那可真是一见钟情。服务员发现了我，立马过来让我穿上试试。

穿上后，嗯，果然很合身，我在心中开始估算着价位：这新款怎么也得两千吧……

这时，服务员开始缓慢地进入主题："这毛都是摩洛哥狐狸整毛，是限量版的款式……"

行了行了，不就是在暗示它很贵吗？我心里想着，默默地开始脱，脱的时候趁机瞅了一眼吊牌，我的天啊，四千多！是我心里预设的一倍！

服务员见我有些动摇，开始继续诱惑我。但是我一句都没听进去，脑海里有一个声音一直在催眠我：买吧买吧，你不是想有一件应付场合的衣服吗？机会来了，就是它了，买吧买吧……

然后，我被催眠了，痛快地刷卡走人，我觉得我这二十几年从来没这么帅过，虽然现在看到挂在衣橱的它还觉得当时的自己真是傻子。

第二天，我穿着那件皮草去参加朋友的聚会，几乎所有人，识货的不识货的，都看出了那件皮草的价值，不住地摸着它的面料，赞不绝口，说得最多的还是："这衣服一定很贵吧……"

被这么一围观，我倒是有点不好意思起来。在场的那些人，年龄比我大，职位比我高，收入比我多，还不乏"车爷""房爷"，他们衣着普通，却依旧给人一种很高贵的感觉，而刚刚工作的我，又何德何能穿这件皮草呢？

我还配不上它啊。

回家后，我把那件皮草挂了起来，很少再穿了，我觉得自己和它完全不相配，它应该和更好的人相配，我要努力成为更好的人，终有一日穿得起这件皮草。

人的实力从不是装出来的，也不是一件衣服就能装扮的。

实力才是一个人最好的名牌，光鲜的外表绝对不是包装出来的，不是你穿身名牌衣服，拎个名牌包，你就是名牌。自己的"名牌"要体现在你的谈吐，态度与举止上，这是一种长久的气质的积累，也是你实力的积淀。

只有这种，才是你真正的名牌。

修养是一个人最好的外衣

01

前两天某机构公布了一份作家富豪榜，好几个小伙伴都上榜了，其中还有我们都没想到的 W 君。只见 W 君的排名赫然超过了几位老作家，版税更是高达三百多万。

我们瞬间炸了，纷纷给 W 君发微信："你上作家富豪榜了你知道不？"

W 君回："刚知道……"

"原来你早就是百万土豪了！隐藏很深啊，请客吧！"

"……"

W 君给我们的印象一直是一个朴实的创业青年的形象，平时很少见他穿什么名牌，永远是无印良品或者优衣库简单的基础款，也很少见他秀自己取得了什么成就。总之，就是一个与土豪八竿子打不着的很普通的人。

直到这次他的资产被媒体曝光，我们才大惊失色：原来身边隐藏了一个这么不合格的土豪。

那天，我们蹭 W 君饭的时候，开始各自说着自己的白日梦："我要是有了三百万的资产，肯定先把工作辞了，然后环游世界和买买买啊""我要先付个学区房的首付""有了三百万直接回家买别墅啊，还付什么首付"……

我们七嘴八舌讨论的时候，W 君一直微笑着，默默吃着盘子里的东西。我们感受到深深的鄙夷之情，于是问："你看看你哪里有点土豪的样子，快说说你的百万资产都花到哪里去了？"

W 君说："具体多少资产，我还真没统计过，反正一有点钱我就投到我公司里去了。"

W 君早在几年前就成立了一家文化公司，这几年一直没听他提到过，我们一直以为快摇摇欲坠了，所以也没好意思问过，没想到人家一直经营得挺好，还策划了几本畅销书，只不过 W 君从来没跟大家秀过而已。

而且他早在北京买了房和车，可是这些他从来没跟别人提过，也没有发过朋友圈，他一直在默默地过着自己的生活，做着自己需要做的事情。

02

我的同事老车是个标准的富二代。

毕业那年，他老爹要给他五百万的资产，让他想干吗就干吗，投资也好，创业也罢，花天酒地四处旅行也行。可是老车是个有追求的人，内心保留着文人骨子里的清高，毅然决然地拒绝了父亲的馈赠，然后做了我的同事，和我们一样开始了清贫的生活……

刚刚知道老车富二代的真实身份后，我们再次去围观他，毕竟在我们这群穷人眼里，一个活的富二代仿佛一只珍稀动物般令人好奇。

我问老车作为一个富二代的奢靡生活该是怎样的，老车摸摸下巴说："我好像从来没参加过那些 Party，我对这些不感兴趣啊，我活了二十多年，唯一的一件奢侈品就是个 Gucci 的腰带了。"

我们看着老车那略有些磨破边的 T 恤和裂了一道纹的手机，相信了他的话。

作为一名资深富二代，老车告诉我们："其实，真正的有钱人很少会炫富，反而对这些东西不感兴趣了，一般来说，喜欢炫富的都是没那么有钱的或者暴发户。"

确实，在金融街带着百达翡丽的小青年可能只能在五环租个独居或者三环内蜗居，而坐拥亿万拆迁费的老大爷却可能每天穿个大布衫满街遛鸟。小青年嘲笑老大爷不懂生活，老大爷觉得小青年太过烧包。

03

有次我在某宝看好了一款小包，很便宜，好像是某个轻奢品牌的同款。我向客服咨询完准备下单的时候，客服神秘兮兮地跟我说："如果您再加五百块钱，我们可以给您发带标的款，包装和防尘袋都有，和正品一模一样。"

我立马明白了这是家做原单的店，所谓原单，说得简单点就是 A 货。

我问客服："带标的和不带标的质量一样吗？"

客服说："质量是一样的，亲，只是带标的有品牌包装。"

那我为什么要多花五百买个假包，装给谁看呢？于是我谢绝了客服的好意。

后来我把这件事讲给其他朋友听，朋友们却觉得我傻："为什么不买带标的？一个正品在店里要三千多，高仿只要不到一千，你买个不带标的包，有什么意义呢？一副穷酸的样子。"

我很诧异，难道一定为了一个标多花五百块钱吗？难道一个人的价值和身份，只能用这些 LOGO 来表明吗？

我又想到了上面提到的 W 君和老车，人家年纪轻轻身家百万，也从没有向别人提及过呀？还不是拥有了一票很好的朋友，赢得了众人的尊重？

可能，当我们年龄渐长，愈来愈觉得钱之可贵，就自然而然地想用钱去衡量一切，甚至衡量自身的价值。岂知在这世界上，没有钱之前，早有了爱。当我们没有赚到钱之前，早赚到了爱。我们因爱而来到人世，有一天离开，带不走钱，只带得去满怀的爱。

如果一个人把他的自信建立在外在的物质基础上，那么他除了内心的自卑以外，还找错了人生的支点。

罗振宇提过有一个说法叫"十五度美女"。

就是说，明星是我们要抬起头 四十五度角仰望的那个人，而网红则是我们稍稍抬眼就能看见的那个姑娘，只需要抬起十五度就好。她化好妆跟我们有些不同，我们有点羡慕她的生活，甚至会想：是不是用了这款口红或者穿上这件衣服之后，就跟她一样了？我们稍稍踮起脚尖就能够得着她。而她素颜的时候，跟我们也没有什么不一样，我们是可以成为她的。

好多人就是陷入了这种思维，以为自己穿件名牌、买个名包、带块名表就可以和土豪平起平坐，去国贸吃顿晚餐或者在三里屯喝个英式下午茶就以为自己进阶中产了。

其实，这都是底气不足时的自我麻痹。

年轻人刚刚进入社会的时候，迫切地想证明自己的能力与价值，所以有一点钱就要买一些奢侈品包装一下自己，想以此证明自己的能力和经济实力，可是世界那么大，多的是好东西，所以越买越多，越活越穷，本事没学到多少，就开始在物质上想和成功人士看齐，这其实是很愚蠢的行为。

04

每当接触一些新业务的时候，那些第一次见面的非常优秀的人也会请我们去中高端餐厅吃饭。

由于他们都是贵宾，服务员都会很热情地接待我们。但是这些人，越是去常去的餐厅，往往越会选择最差的位置。他们总会说："因为我们是常客，所以，坐离卫生间近的偏僻地方没关系。"

他们坐在不显眼的地方，低调安静地用餐。对熟络的店员总是彬彬有礼，态度谦恭，不故意炫耀，却又自然流露出独特的魅力气场。也不会故意高声炫耀："喂，给我做菜单上没有的那道菜！"

我认为他们最高的美德就是谦虚和礼让。他们中没有谁会总是说"我如何、我如何"，没有谁会过于自我夸张地表现，他们总是谦逊有加、礼貌待人。

而且，即使是在看不见的地方，他们也总会乐于助人。因此，他们身边也慢慢集聚了各种力量，愿意和他们共事，愿意守护他们。他们便自然而然地成了成功人士。

所以，普通人和年薪百万的成功人士之间差的绝对不是一件奢侈品，真正的差别，在于对待事物的态度和为人处世的修养。

每当我脑海中浮现出优秀人士的身影时，总是伴随着对自己的行为进行反思：我与别人的交流方式是否正确，我说话的语气是否恰当，我的措辞、态度以及行为表现是否得体等。

其实真正的成熟不在于你的着装、外貌甚至是财富，而在于独特个性的形成，真实自我的发现和良好修养的养成。

如果不能意识到这点，你将永远无法成长。

第四章

爱的归宿
是成长

　　我们总是越长大越觉得无所谓，可最终，那些所谓的无所谓都变成了遗憾。每个人都将经历很多的遗憾，然而也正是这些遗憾，让我们变得更加成熟，也会更加珍惜今后遇到的一切美好。

成长是一场公平的蜕变

01

无意中看了部电影，叫《六弄咖啡馆》。

故事情节很简单。单亲家庭的高中生小绿和女生心蕊相恋，考到同一所大学的奋斗目标让两人相互扶持和帮助，度过了快乐的高中生涯。然而决定命运的联考让小绿和心蕊考到了不同学校。心蕊与小绿之间，受到了空间距离的严峻考验。大学期间，小绿为了能经常去看望心蕊，拼命打工赚钱，而心蕊对此一无所知，她想追求更好的发展，鼓励小绿和自己一起出国深造，开一家咖啡馆。爱情的醇美无法抵消两人距离的无力感，价值观的逐渐改变让两人产生了深深的矛盾。

一次，小绿去看望心蕊，两人的矛盾终于爆发，小绿想和心蕊毕业后一起回家乡开家小小的咖啡馆，回到过去无忧无虑的生活，而心蕊则指出人不会一辈子在原地，规划未来很重要。

她说："远距离，只会把我们的差距浮上台面而已。想法上的差距，观念上的差距。现实会让人长大的。是的，过程是非常的难受，但是，这不是多努力就能拒绝就能否认的。你否认了现实，你拒绝面对我们之间的差距。"

随后，两人分手。

其实，在成长的过程中，我们会慢慢发现，曾经和我们谈天说地的人会渐渐变得无话可说，曾经和我们嬉笑打闹的人渐渐会变得陌生隔膜，甚至曾经让我们喜欢、仰慕，甚至崇拜的人，我们也会惊奇地发现他好像没那么优秀和神秘了。

那是因为我们都在慢慢地长大，慢慢地进步，慢慢地变得更加成熟。

在成长的道路上，有的人会跑得快一些，有的人会跑得慢一些，你可能会暂时落后，也可能在下一个转弯处超越别人；和你并肩而跑的朋友可能会转向另一个跑道，和你剑拔弩张的对手也可能相互扶持。

就像小绿和心蕊，高中的时候为了同一个目标努力，彼此欣赏扶持，可是到了大学，心蕊已经远远超越了小绿，而小绿却还停留在原地等心蕊的回来。

其实每个人都在不停地向前奔跑，一旦上路，就无法回头，没有人会停下来等你。世间的一切都讲究势均力敌，你不进步，就会被抛下，而当你越来越优秀，自然也会迎来更好的人和生活。

02

我把《六弄咖啡馆》的故事讲给了朋友丸子，丸子感慨道，自己又何尝不是如此。

曾经，丸子喜欢上了自己的学长。她说，当时的学长是他们专业辩论队队长，高大帅气，成绩优秀，斩获过很多的国际奖项，还吹得一手好口琴，几乎满足了全院女生对男朋友的所有想象。

丸子经常看到学长去图书馆看书，衣衫整洁，品味时尚，充满活力和自信，他的眼睛永远像星星一样闪着光，一笑起来，仿佛整个世界都美好了。

丸子那时候还很青涩，不会化妆，不会穿衣搭配，整个人还有点微微发胖，戴着厚厚的黑框眼镜，丢在人堆里也只能算个路人丁。除了外形条件没有竞争优势外，腼腆内向的丸子也很少在社交场合绽放光彩。她忽然发现，自己都不喜欢这样的自己，怎么配得上那么优秀的学长呢？

她决定开始改变自己，每天清晨和傍晚去操场跑步，开始控制饮食开始，买时尚杂志学习穿衣搭配，让会化妆的室友教她化淡妆。除了在外表上改变自己外，丸子深知只有自己达到和学长同样的高度，才能有共同话题，才能底气十足地和他交流。

她放弃了和朋友逛街、吃饭、唱歌的时间，一有空就泡在图书馆，不知不觉一年下来竟然借阅了近一百本书，足以和任何一个非专业人士从诗词歌赋谈到人生哲学，再从人生哲学聊到拉格朗日。

为了改掉自己内向、腼腆、不善言辞的性格，她一咬牙参加了演讲社团，经常跟着前辈们学习演讲与口才方面的知识，跟着社团去别的学校交流，还在朗诵大赛中获了奖。

她努力了两年，只为能够有底气地站在男神身边。正当她鼓起勇气准备向学长告白的时候……学长作为交换生出国交流了。

丸子很绝望，感觉自己好像被掏空，又觉得自己所有的努力都像个笑话，一切的一切都没有了意义。

我问丸子："所以你又被打回原形，从此一蹶不振，自甘堕落了？"

丸子说："才没有，我难过了一天后，觉得还是自己不够优秀，我要更加努力，和学长一样出国读书。"

后来，丸子拿到了哥伦比亚大学研究生的录取通知书，如愿出了国，可是却再也没有见到那个学长。

学长男神一般的形象从此留在丸子的脑海，她一直以为这么优秀的学长一定会朝着更好的方向发展，所以她不断地要求自己努力努力再努力，始终保持更加优秀的状态，为的就是有朝一日再见到了学长，自己依然可以骄傲地与他并肩而立。

毕业后，丸子回国到了一家中外合资企业工作，凭借过人的能力很快升了职。

有一次，她在地铁上看到一个人很像当年的学长，只不过身材已经发福，两眼无神，满脸倦容，丝毫没有了当年的风采。丸子不敢相信地上去打招呼，才确定眼前这个很普通的工薪族，就是自己的男神。

两个人简单交谈了几句后，丸子才知道，原来学长毕业后恃才傲物，频繁跳槽，导致根基不稳，事业上并没有太大的起色，而且家里早早帮忙付了首付，在京郊买了房，现在他每天为还房贷而奔波，哪里还有什么时间去谈理想与自由。

看到曾经会发光一样的男神如今成了这样一个庸俗的中年男子，丸子觉得自己这几年过得有点可笑。

她说，有的时候你真的搞不清生活到底会跟你开什么样的玩笑，曾经你需要仰视才可以看得到的人，后来你却发现也不过如此，仿佛你的目标一下子就被打碎了，你会很迷茫，不知道该怎么前进了。

不过丸子依然很感谢当年的男神学长，因为他，自己才可以变成现在的样子，才拥有了更好的机会，也遇到了更好的人。是的，丸子遇到了她的未婚夫，同样是一个很优秀的人，他们今年就要结婚了。

在成长的路上，会遇到很多很多令我们羡慕、崇拜甚至嫉妒的人，不要自卑，不要害怕，更不要怯懦，把他们当成你奋斗的目标，你学习的榜样，不断地让自己变得更加优秀，更加强大，等有一天你再回头看他们的时候，会发现他们也不过如此，生活还会赐给你更好的礼物。

成长是一种蜕变，失去了旧的，必然也会迎来新的，这就是公平。

不讨好别人，不将就自己

01

小漾又换发型了，她把五天前刚花八十大洋做的软萌妹标配——齐刘海，用一个发箍给撩上去了，光洁饱满的额头和裸粉色发箍相得益彰，整个人增添了一些韩范儿。

其实在这之前，小漾还是留着大中分的"女王攻"，整个人看上去干净又干练。她很讨厌齐刘海、空气刘海之类的造型，觉得中学生搞一搞装个清纯也就罢了，二十多岁的人了还扮什么嫩。

可是小漾的男朋友很喜欢女孩子梳着齐刘海那种乖乖巧巧的样子。虽然男朋友从来没有对小漾提出过做任何改变的要求，但是小漾自己心里清楚男朋友还是最喜欢女孩子齐刘海的发型。于是小漾陷入了深深的矛盾之中。

恋爱中，双方都希望自己是对方最理想的样子，可是有时候，他理想的模样可能并不合你的胃口，这时候就容易产生心理上的隔阂——你明明知道自己不是他最喜欢的样子，但是又不想变成自己不喜欢的样子，可是你一想到自己不是他心里最喜欢的样子又会很不开心。

最终，小漾忍受不了内心的煎熬，抱着试试看的心态剪了个齐刘海。结果，剪完她就蒙了——镜子里这个人是谁？

接下来的几天里，小漾几乎没脸见人，但凡出门都要戴一个遮住半张脸的墨镜，生怕被认识的人嘲笑。可是，小漾的男朋友却很开心，他觉得剪了齐刘海的小漾真的成了女神，天天夸来赞去，就差帮她擦鞋了。

一开始小漾听到男朋友这么夸赞自己，还是蛮开心的，虽然她觉得镜子里的自己越看越不顺眼，越看越讨厌。而且齐刘海打理起来很麻烦，要每天清洗，经常修剪，尤其到了夏天，天气一热在额头上团成一坨不说，还容易让脸变成"黑白无常"——刘海遮住的地方是白的，其余部分是黑的。

新发型第五天，小漾终于忍不了了！于是她买了一个发箍，将刘海搂到了头顶上。

小漾的男朋友没有说什么，只是还是觉得小漾齐刘海的样子最好看。小漾虽然知道自己决不会再搞什么齐刘海了，但是心里还是打起了小鼓。

她问我："西风，你说我这样会不会很自私？我该为了恋人，改变自己吗？"

那么，我们该为了恋人想要的模样，改变自己吗？

02

就这个问题，我和朋友老车展开了讨论。

老车是个膀大腰圆的东北汉子，虽然外形粗犷，但其实是一枚拥有一身好厨艺，养了一只小萌猫的暖男。

老车有一个相恋了六年的女朋友，两个人感情非常好。当时两个人在一起的时候，老车还是个清纯的小白脸，怎奈岁月是把杀猪刀，六年的时间将他打磨成了一饼"圆磨盘"。

我问老车："想当年您也是能和高颜值沾边的人，现在沦落成这个样子怎么也有点可惜，没想过要恢复到以前的'玉面银枪俏罗成'的样子吗？"

"没有，我觉得现在挺好的。"老车一脸随意。

"那如果你女朋友希望你减个二十斤，或者拥有施瓦辛格的好身材，你会不会为她而改变？"我贼心不死地继续追问。

"额，她有跟我提过健身的问题，不过我没有时间，也不感兴趣，所以一直都没有执行过。"老车掏掏耳朵，"我觉得我不会为她做这个改变，第一，这并不影响我们的感情；第二，她当初跟我在一起的就是喜欢我的性格，又不是看我的身材。"

"可是，两个人在一起不应该努力变成彼此理想中的模样吗？"

结果，老车一句话倒是把我给问住了："呵呵。她当初爱我的就是这个样子，我改变了她还会爱我吗？"

我深以为然。

03

在恋爱中，我们总是小心翼翼，想在他面前展现自己最好的一面，给他留下最美好的印象，想从内到外都变成他心中的NO.1。可是，有时候我们把自己折腾到筋疲力尽，却发现自己并不快乐。

爱情不是相互讨好对方，而是一种平等的交流。

每个人都有自己独特的风格，有美好，也有瑕疵，我们都不可能变成十全十美的理想人物。既然他当初选择了你，就说明你有吸引他的独特之处，尽管可能还有这样那样的不足，可是那就是真实的，让他喜欢的你啊！

如果你为了迎合对方而刻意改变自己，不但自己会不开心，对方其实也不见得会满意啊。

我很同意老车的观点。当初你们在一起的时候，你是什么样子，说明他爱的就是你这个样子，如果你一味去迎合对方，反倒失去了自己那份独特的可爱之处。当你没有了自己独特的个性，你还能确定他依旧喜欢那个你吗？

我一直认为，每个人都是一个独立的个体，有自己独立的思想，有自己独特的容貌，我们不需要为了迎合任何人而改变自己，不管他是朋友还是恋人。保持独立，是爱情的前提，我们没有理由去做任何改变啊！

那么，你还愿意改变自己，成为恋人想要的模样吗？

也许以前，我们会为了自己喜欢的人挖空心思，做一些现在看来啼笑皆非的事情，可是长大后才会发现，我们最爱的，还是那个最真实的自己呀。

我觉得，如果他想要的样子也是你喜欢的样子，那当然可以去变成更美好的自己；如果他理想的样子你并不喜欢，那么大可不必委屈自己。

所以，我想告诉所有的"小漾"：别纠结，做自己就好，毕竟你才是知道自己最适合什么的人呀。

愿你能成为那个最真实的姑娘，不迎合，不将就。

你这么乖，难怪没人爱

01

中午出去吃饭的时候，看到了这样一个场景：炎炎烈日下，一个身材矮小的男子努力高举着一把女式太阳伞，还满脸堆笑极力掩饰着酷暑带来的不适。走在前面的是位身材高挑的女性（大概比男子高半头），她昂着头，一脸嫌弃又心安理得地享受着这人工带来的片刻阴凉，像一位待加冕的女王。

我目瞪口呆地问旁边的二乔："你说这种人怎么会有男朋友，她们都是从哪里买的？"

二乔瞥了我一眼："你不知道越作的女生越容易得到爱吗？"

"哦，我同意，那你一定是太乖了。"

之后我就被二乔无情地推到了马路中央，差点"以血祭天"。因为我忘了，二乔就是以这种理由"被分手"的。

二乔的前任男朋友，是个叫作小简的 IT 男。二乔非常爱他，想在他心中保持最美好的样子，她懂事，乖巧，听话，不作，尽力扮演着一个"十佳女友"的形象。

两个人一起吃饭，二乔不想让刚工作不久的小简破费，就懂事地提议去价格便宜的餐厅，如果小简不同意，二乔就会懂事地要求 AA。

小简发了工资，悄悄帮二乔买下了那个心仪已久但价格不菲的包包，二乔表示很感动并把小简批评了一番，嫌弃他铺张浪费，又懂事地让他把包包退了回去。

逛街的时候，小简自然地拎过二乔的包，二乔为了不给对方留下"矫情的女表"的印象，又懂事地把包抢了过来，还懂事地拧开一瓶水递给小简。

小简平时工作比较忙，常常加班到深夜，两个人也是聚少离多。二乔怕打扰小简工作，明明很想问他"在干什么""吃饭了没""到家了吗"，却忍住不敢问。当收到小简深夜发来的问候短信时，二乔兴奋地捧着手机从床上跳起来，她想向他分享一天所见的奇闻趣事，倾诉当天所受的委屈，可是当看着时针已经快指向十二点的时候，她还是抑制住了所有的冲动，将打好的满满的字一个个删掉，重新打上一句："快点睡吧，晚睡对身体不好，晚安。"

有一次，二乔得了急性肠胃炎，上吐下泻不止，浑身冒虚汗，整个人都快不行了，我们吓得赶紧将她送去了医院，我握着二乔的手说："给小简打电话吧，他再忙也不能不管你的死活啊！"

二乔拒绝了："不用给他打了，他们公司不让擅自离岗和请假，我不想耽误他。"

到了医院，看二乔无恙并且安然入睡之后，我们还是给小简打了电话，小简在电话那头吓得声音都变了，二话没说就赶来了。

我们感动得稀里哗啦的，说："二乔，小简对你真好。"可二乔还是把小简指责了一番，让他赶紧回去上班。这回小简也火了，吼了一句："你究竟有没有把我当你男朋友？"二乔呆住了。她不明白，自己明明善解人意地为他着想，换来的却是小简对自己的质疑。

后来，小简向二乔提了分手，理由是：你真的太懂事了，懂事到让我觉得你不爱我。

二乔满腹委屈，哭着问我，为什么自己已经这么努力地为他着想，不但没有得到他的赞许，反而最后却失去了爱。

我说，因为你没有给他被需要的感觉啊。

02

明明我们一个人也可以生活，为什么非要找另一个人一起呢？因为总有一些事是我们自己不能完成的，我们需要别人的帮助，而你的恋人就是能给予你最可靠帮助的人。正是因为两个人彼此被需要着，爱情的巨轮才不会说沉就沉啊。

相反，如果你乖巧懂事，事事独立，没有给对方被需要的感觉，往往就会让对方找不到存在感。在恋爱关系中，一旦在对方的生活中失去存在感，那感情也就岌岌可危了。因为真正的爱，是恨不得了解对方的一切，把自己的生活和恋人的生活融为一体，朝夕相伴。

你时时刻刻想跟他分享你的见闻，你分分秒秒想知道他的行踪，甚至是他今天几点起床，穿了什么颜色的外套，吃了什么早餐，见了什么人到几点回家。你才不会在乎什么"熬夜伤身"，如果白天不曾到来，你愿意和他聊到永夜。平时拧个煤气罐都不费吹灰之力，可是和他在一起你连瓶水都打不开。以前打个耳洞都不皱一下眉的，和他在一起之后手被蚊子叮了都要哭半天。

这看上去很不懂事，很矫情，甚至有点作对吧？可是这种女孩子往往是最能得到疼爱的。因为她们会向人传达"我很需要你"的信息，当一个人被另一个人需要的时候，他往往会从心里涌现出一种责任感，这种责任感驱使他给对方更多的帮助与保护。

如果你什么都要懂事地自己来，往往会给人一种"拒人于千里之外"的冷漠感，对方会觉得你不需要他，自然以后也不会对你施以援手和关爱啦，毕竟谁都不喜欢热脸贴个冷屁股。

03

其实，在职场中也是这样。你只有把自己的需求表达出来，才能让别人了解你真正的想法。

小童和小莘在同一个部门做副主管，现在主管离职了，领导想在她们两个中间挑选一位接班人。

　　两个人的工作能力和水平都很好，不同的在于小童属于乖巧懂事型的女孩，她总是会默默地做好一切工作，即使遇到了困难，为了不打扰领导和其他同事的工作，她往往也会自己解决，大家都觉得小童是个很能干的人，但是没有人知道她独自付出了多少努力。

　　小莘很懂得展示自己，一旦有了业绩就会时不时地向领导提一下，以证明自己的工作能力；偶尔遇到了工作难题，也要第一时间向领导诉说工作的艰辛，领导不明白情况，觉得这个工作大概真的比较难做，就会派别人的同事去帮小莘。小莘一边感谢领导体恤下属，一边感谢同事慷慨相助，就这样轻松完成了工作，还给领导留下了工作认真的好印象。

　　最后，由于领导对小莘的印象比较深刻，就让小莘接管了主管的位置。

　　小童自己努力克服困难，不给组织添麻烦，这么善解人意、乖巧懂事，为什么最后却没有竞争过小莘呢？因为她的懂事让她失去了展示工作内容和工作成果的机会，你的努力只是感动了自己，而别人一无所知，又怎么会对你有所了解呢？

　　而小莘，不管是邀功也好，诉苦也好，都给人一种"看，我确实做了事"的样子，自然会给别人留下工作努力的印象啦。

04

　　小时候，大人们总是要求我们要做个乖孩子，要懂事，要听话，我们听着他们的赞赏，沾沾自喜，于是变得更加乖巧听话。

可是长大后才发现"会哭的孩子有糖吃"才是世间真理。人们嘴上说着喜欢懂事的人，而却会把更多的爱给予不懂事的人身上。因为，他们觉得懂事的人不用太操心，自己就会解决好一切，而没那么懂事的人则需要更多的时间去关爱和栽培。

所以，结局就是懂事的人往往比不乖巧的人得到的要少。

在爱情中，偶尔任性一下，给平淡的生活掀起一点小的波澜，才会让对方感觉到存在的价值，毕竟谁都不喜欢白开水般的生活，也没有人喜欢被冷落的感觉。

而在生活中，偶尔不那么独自和能干，大胆地表达自己的需求，往往会让你得到更多的帮助和展示自己的机会，生活也会相对轻松一些。

你其实不必那么能干，女孩子嘛，作一点才更加可爱嘛！

以前喜欢的他，现在终于放下了

01

橘子在一次摄影展上对莫凡一见倾心，当她得知莫凡还没有女朋友的时候，简直要兴奋地跳起来。

经过多方打听，她得知莫凡喜欢刘亦菲那种气质型的女神，还要喜欢摄影，两个人能一起记录大好河山之类的。

橘子看了看镜子里的自己，齐耳短发，微胖的身材以及旁边的一台老式单反，呵呵，好像除了性别，就没有和刘亦菲像的地方。

自古淑女，君子好逑；而今男神，供不应求。为了把握人生的契机，橘子决定要为爱变身。

听说生姜能促进头发生长，橘子就去买了一大袋生姜，以至于卖姜的婆婆带着谜之微笑对她说："怀孕的时候多喝点姜水能治感冒。"橘子仿佛被雷劈了一般抓起袋子就博尔特附身般飞走了。

从此，橘子每天坚持用生姜抹头发，画面相当辣眼睛。听说晚睡会儿掉头发，向来夜猫子的她第一次在晚上十点的时候爬上床。

为了快速减肥，橘子不仅把每天的伙食变成了黄瓜和白水煮蛋，还下血本报了健身班，每天下班后坚持去健身房挥汗如雨。

平时天天喊着出来约饭的她竟然忍住了我们对她一次又一次的美食诱惑。怎么拖都坚决不去跟我们补充热量，急得我们每到晚上就给她发美食图片，美其名曰"深夜暖胃"。

为了攒钱换更好的单反镜头，橘子还在工作之余干私活——在网上录课，然后发布到各个平台赚取微薄的打赏。

我们就这样看着橘子为了达到莫凡心中女神的标准忙前忙后地"变身"。三个月过去了，橘子果然发生了很大的改变，她的头发已经过肩膀了，整个人瘦了一大圈却更精神了，也换了新款的相机。

就在我们鼓动橘子去大胆撩男神的时候，橘子得知莫凡已经有女朋友了，他们刚刚在一起半个月。

莫凡的女朋友到底什么样子呢？一定很女神吧。可是，我们后来才知道，她不但和女神不沾边，更和莫凡的理想女神相差千里。

莫凡的女朋友是个插画师，留着短发，常常戴着一副复古的金边圆形眼镜，一副森系少女的样子。她深谙艺术中光与影的变换却不玩单反，她喜欢把莫凡拍下来的照片融入自己的想象呈现在画布上。总之，她不符合莫凡的任何一项标准。

橘子整个人都被掏空了。她觉得自己像个无知又滑稽的小丑，为有朝一日闪亮登台而努力准备着，可是就在万事俱备，表演即将开始的时候，这场戏却突然换角色了。

"他说他喜欢长头发，我就留长头发；他说他喜欢清瘦，我就去减肥健身；他说他要和爱的人拍遍天下奇观，我就努力赚钱换相机……我知道我还不够好，他不喜欢我，我能承受，可是，可是为什么……"橘子悲愤交集地向我们哭诉。

"可是你已经变得比原来更好了啊！这就够了，你还在纠结什么呢？"我打断了橘子要问的问题。

大家都知道，她想问的是"可是为什么他会和不符合任何条件的她在一起"。

有些人，一旦遇见，便一眼万年；有些心动，一旦开始，便覆水难收。不是你不够好，也不是她太好，而是对于他来说，你就像从别人的皮箱里看见的自己赠出去的衣服。很喜欢的一件，可惜不能穿。

02

《九门回忆》里，霍家小姨歇斯底里地问二月红："二爷，我到底哪点比不上她？她能下斗吗？她有我漂亮吗？我一心一意跟你，你就不能正眼看我一眼，看我啊？"说罢，霍家的小姨撕开自己的旗袍，白的犹如冰玉一般的身段全部暴露在了二月红面前，二月红淡淡地放下酒杯，脱下衣服给她披上，只对她说了句："你会下面吗？我想吃一碗阳春面。"

在二月红眼里，再美的女子，再暖的温情，都比不过那个面摊丫头的一碗阳春面。龙须面很好，臊子面也很好，只是他喜欢的就是那碗普普通通的阳春面。

《神雕侠侣》里，情窦初开的郭襄曾痴痴地自言自语："他可惜我迟生了二十年。倘若妈妈先生我，再生姊姊，我学会了师父的龙象般若功和无上瑜伽密乘，在全真教道观外住了下来，自称大龙女，小杨过在全真教中受师父欺侮，逃到我家里，我收留了他教他武功，他慢慢地自会跟我好了。他再遇到小龙女，最多不过拉住她手，给她三枚金针，说道：'小妹子，你很可爱，我心里也挺喜欢你。不过我的心已属大龙女了。请你莫怪！你有什么事，拿一枚金针来，我一定给你办到。'"

如果时光能够倒退二十年，杨过先遇到郭襄，再遇到小龙女，或许他还是会选择那个冷冷清清，一尘不染的白衣龙女，即使她是他的师父，即使要与整个江湖为敌，即使会万劫不复。

不是郭襄不够好，也不是不喜欢，只是她终究不是他心头的那点朱砂。要怪就只能怪，一生只够爱一个人。

03

很多人都会奇怪，为什么喜欢的那个人会无视自己，另选他人。或许他喜欢的是赵敏，而你恰好是周芷若，是小昭，是蛛儿，你是很好的，只不过不是赵敏而已。

可是那又有什么关系呢？你在努力变好的过程中，已经收获了最好的自己，你错过了张无忌，还会遇到杨过，遇到乔峰，遇到郭靖，遇到……

既然余生早晚会遇见，晚一点又有什么关系？

　　人生在世，种种浓淡、轻重的情感皆须经历时间之火的灼烧方能证成金刚不坏。朋友如此，爱情如此，血缘至亲亦是。当情愫萌生之时，谁不是心花怒放，仿佛挡得住任何一场暴风雨。

　　然而，当这情感灰飞烟灭，其愤懑之心，又恨不得将世界一手捏碎。人生这门功课，说穿容易，看透难，是以，人人一身纠缠。

　　或许，我们终究会在这漫长的成长旅途中，将他放下。

如果他这样做，说明是真的爱你

01

雪子和相恋六年的男朋友分手了，原因是出轨。

不是她男朋友出轨，而是雪子爱上了别人。

在我们看来，雪子和她男朋友安尼是非常和谐的一对模范情侣，两个人的步调总是那么一致，雪子永远小鸟依人地站在安尼的身边，温顺地听他说的每一句话，而安尼，永远像张开翅膀的天使一般，守护着雪子。

有一次，我们一起聚餐。牛排上来之后，安尼很有修养地把自己的牛排切成小块，然后放到雪子的面前，让雪子享用。

不光是我们，就连旁边两个年轻的女服务都忍不住笑了，其中一个女服务员还悄悄对另一个说："瞧瞧人家的男朋友，真令人羡慕。"另一个服务员也点点头："是啊，那个女孩真幸福哦。"

就在我们这些局外人一边尴尬一边羡慕的时候，只听雪子小声说："我最近肠胃不舒服，不想吃荤的东西。"

安尼却用温柔但不容置疑的语气说："这家的牛排特别好吃，不吃就等于没来，别傻了，少吃点。"

雪子一脸难色，说："我真的不想吃……"

这时，安尼又展现了体贴的一面，他又叉起一块牛排，递到雪子嘴边，说："乖，就吃一口。"

我们瞬间被这玛丽苏的场面苏炸，也纷纷起哄："赶紧吃一口吧，别虐我们啦！"

雪子微笑着吃了牛排，那时的我们，谁都没有注意到那抹微笑背后夹杂的苦涩。

后来，我们才听雪子说，那晚她回家后，上吐下泻，几近虚脱。

安尼觉得女孩子会拉小提琴显得非常高雅，就帮雪子报了一个高价的小提琴培训班，然后把一把 Mardini 小提琴塞到雪子手里，让雪子去学习，虽然雪子曾经表示不喜欢小提琴。

"学小提琴多高雅呀，我喜欢你拉小提琴的样子，你如果真的爱我，就应该努力变成更美好的样子，不是吗？"安尼对雪子如是说。

雪子无力反驳，只能每天下班后拖着沉重的步伐去小提琴培训班。

在培训班里，雪子度日如年，因为不感兴趣的缘故，她怎么都拉不好老师说的基本曲谱，因此经常受到老师的批评和嘲讽，心情极度恶劣。

这时，坐在她旁边的夏江就会常常安慰并开导她，雪子之所以还能坚持去小提琴培训班，安尼的压力是一方面，另一方面，就是夏江了，她总感觉跟夏江聊天很轻松。

一天，雪子又被老师嘲讽了，心情不好，夏江便邀雪子下课后一起去后海吃南门涮肉，雪子同意了。

两人在泛着波光的后海边，一边煮着小火锅，一边小酌聊天，雪子在夏江面前从不用端着，想吃什么就点什么，打嗝剔牙，非常自由放肆。

酒过三巡，雪子开始吐槽小提琴、吐槽牛排、吐槽安尼，吐槽在别人看来所羡慕的她的一切。

"我觉得你男朋友对你挺好的，你爱他吗？"夏江问。

雪子没有回答，她觉得自己大概是喝多了，不然怎么会犹豫呢？如果是在以前，她一定会毫不犹豫地回答说："当然！我当然爱他！"

可是现在她犹豫了，随着时间的推移，安尼在给予她无微不至的爱的同时，也让她觉得喘不过气来，她就像是他的提线木偶，一切都要按他的安排来，虽然他的意愿并没有什么不对，可是她就是不喜欢。

"如果你爱我，就不会让我失望。"

安尼总是这么对她说，而她也觉得很有道理，可是却开心不起来。

后来，雪子还是和安尼提出了分手，然后和夏江在一起了。她说，她想要自由，安尼可以给她无微不至的爱，但只有在夏江面前，她才能随心所欲地做自己。

02

"让我失望，就是不爱我。"

熟悉吗？

父母对你说，回家考公务员吧，别在外闯荡，因为爱是孝顺，是不让父母孤单。商家对你说，掏出钱包买买买吧，因为爱是馈赠，是慷慨大方。伴侣对你说，日常小事你退让吧，因为爱是宽容。

你觉得这逻辑荒谬，但许多人都这么说——"如果你爱我，就会按我说的做。不做，证明你不爱。"你压抑自己的意愿，去满足对方的心愿。逐一满足，新的心愿又浮现，魔咒照旧。

你又退一步、再试一次，旨意再度自天而降，无穷无尽。最后你忍耐、你完成、你实现，同时你发现，你不再爱对方了。你心上漫过一阵冰冷的快乐——我终于证明了那个逻辑是错的！尽管我一举一动受人所控，但我的心已经自由。不爱，所以自由。

然而，日复一日，你压抑自我，做着不想做的事，慢慢扼杀自己的人生，难道只为了证明"哪怕为你退让牺牲，我也可以不爱你"？哪怕最终找到了答案，你也是和一个决心不爱的人一起，度过了一段你不想过的人生。

为什么不去证明另一个命题，"即使我不服从你的意愿，我也可以爱你。"倘若你成功完成论证，就既拥有爱人，又自由地选择了自己的道路。

证明不爱简单，转身离开，从此江湖不见。然而，如何证明爱呢？我们拒绝接受毫无根据的爱情证明题，但研究亲密关系的学者，又怎样证明一个人"正在爱中"？

03

首先，不论男女，"为你做事"，其实与爱的浓度无关。一个人做多做少，多是出于一个人是否惯于顺从，而不是出于爱。如果你希望伴侣多分担家事，抱怨"你一点都不爱我"不会奏效，不如直接提出"请你帮忙做此事"。

比起"为你做事"，"与你一同做事"才真正证明"我爱你"。一位男士做的家务多，只能说明他勤快。然而，如果他经常"跟妻子一起做家务"，就是爱的体现。

对男性来说，爱得越深，越愿意"在一起"，朝夕相处，共劳作，同休闲。为你做顿饭，是习惯使然，与你一起烹饪大餐，则是爱意满满。要是还携手散步、并肩观影，甚至邀你一同看球，你必是他的真爱无疑。

至于女性，爱得越深，越会努力维持相处时的"好气氛"。如果她和你在一起时，说话积极，少有抱怨，极少发火，几乎不会打断你的话去讥讽否定，你必是她的真爱无疑。

最有意思的是，尽管不论男女，深爱时都会更渴望亲密接触，不过行动上，却是男士主动亲热的频率上升，女士主动亲热的频率下降。可能因为女士更担忧"主动会造成矛盾冲突"，因此选择"顺从与配合策略"。

无论如何，真爱就像咳嗽，可以被压抑一时，但不能始终隐藏。

恋爱中的男女，都会情不自禁地表达流露。你会想逗对方笑，会频繁拥抱或触摸对方，会乐于分享自己的所思所感。

这一切，都比"你不这样做就是不爱我"更能证明爱。

一方独断一方忍耐不是爱，是爱情结束前的临终关怀。

爱是发自内心的责任感

01

现在越来越多的人抱怨不相信爱情了。

可是在抱怨不相信爱情、找不到爱情的时候，大家有没有想过，到底什么是爱情？

我们从小就被教会礼仪修养，文化知识，为人处世，甚至"成功人士应有的 101 种心态"，可是细想一下，是不是从来没人教过我们如何去爱一个人？

中学的时候，老师告诉我们，好好学习，等你考上一所好的大学，爱情就来了；大学的时候，父母告诉我们，不要着急，等你工作了，爱情自然就来了；好不容易工作了，父母看着你周围出双入对的小伙伴，开始逼问：你怎么还没有对象？你也很迷茫：不是说好好学习考上大学找到好工作，对的人自然就会来吗？到我这里怎么出问题了呢？

你郁闷地问曾经教导你的人，他们也很奇怪，于是告诉你：你只有努力提升自己，才能遇到更好的人。

于是你二话不说，继续埋头苦干，几年过去，别人孩子都会打酱油了，看上去混得不错的你却依然孑然一身。

努力进步有错吗？没有啊，很正能量啊。那么问题到底出在哪儿呢？

因为别人只教会了你如何努力进步，却没有人教会你爱。在他们眼里，好像你只要足够优秀，爱情就会随之而来，就像优秀的附加品一样。而他们所谓的优秀，不过是升职加薪，当上总经理，出任 CEO，然后就会自然而然地"迎娶白富美"，继而走上人生巅峰。"白富美"也不过是走上人生巅峰的一个步骤而已。

将爱情商品化、物质化，这就是大多数人受到的情感教育。

错误的理念导致很多人其实并不知道什么才是真正的爱情，于是匆匆忙忙找个"条件差不多的人"结婚，婚后才发现生活并没有想象的那么幸福，然后稀里糊涂地出轨，将生活过成一锅粥。

所以，一旦将爱附加上层层其他的意义，爱就不再是爱，而是一种资源的整合。

02

有次，在工作中认识了同行小林，今年二十七岁，中国香港大学 MJC 毕业，现在在某国企工作，月薪过万，家庭条件也不错，已经在北京市里买了两套房子，长相也可以，可是就是找不到女朋友。

他经常奔赴各个相亲会，也很积极地和家人介绍的姑娘见面，可是就是没有一个他满意的。

连他之前那个白富美女朋友，都被他以"太过浅薄，聊不到一起去"的理由甩了。

我们听完他这幸福的苦恼之后，纷纷拿茶水和废纸丢他：你这是要上天啊！

小林却非常冷静地说："我认为两个人只有在三观相似，志趣相投的情况下才能走到一起，而这些与原生家庭，成长环境，知识层次和经济水平都有必不可分的关系，只有满足这些条件，才能够去谈心灵和精神上的门当户对。"

我们听完，立马吓得离他三米远，总感觉和这种人说句话都要打量一下自己有没有资格。

我弱弱地对小林说："你考虑这么多，可能很难找到真爱哦……"

没想到小林并不介意，反而很坦然地说："我不这么认为，我觉得爱情其实是很虚无的东西，这一切还是要建立在物质基础上。"

我们不敢再说话，看着眼前这个貌似无可挑剔的别人家的孩子，竟然感到一丝悲哀。

从什么时候起，我们还没有爱过，就将爱绑上了层层枷锁，我们还没有学会如何去爱一个人，就已经将自己的心过早地杀死了。

有人说，是残酷的现实让我们学不会去爱了。可是仔细回想，谁又不曾拥有过这种本能？

03

当年，高考结束后，我们几个朋友一起去 KTV 庆祝，大家在一起戏耍聊天。

坐在我旁边的盛子，很自然地把晓雪的橙汁移到自己面前，然后把自己的调包儿到晓雪的座位前，然后若无其事地开始喝晓雪的橙汁。

这个小动作被我尽收眼底，而正忙着和别人聊天的晓雪却浑然不觉。

我当时就明白了盛子的心思，我就知道他其实是很喜欢晓雪的，可是又不想打破现有的关系，只好用这种方式来为自己的青春画上一个句号。

我不会告诉你最后晓雪知不知道，也不会告诉你他们最后有没有在一起，我想说的是，爱其实是一种本能，一种我们可能也浑然不觉的本能，它不需要表述，不需要纠缠，甚至不需要让对方知道，它就是静静地在那里，促成我们一个又一个细小的哀愁或欣喜。

爱或者不爱一个人，有时候也许只是一瞬间的感觉。一直以为是爱，就在某个瞬间，觉得不爱了，真的不爱你，也可以没有你。可是，在下一个瞬间，突然又觉得，原来还是很爱你。

冯骥才曾经写过一个叫《高女人和她的矮丈夫》的短篇故事，这个故事我曾经看过动画版，当时我还小，却看哭了。

故事内容很朴实：高女人和矮丈夫在一起，外人觉得他俩各种不搭，纷纷相劝，可是两人拒绝了所有人的好意，依然很恩爱地在一起，后来，高女人去世了，矮丈夫好像也不是多伤心，但是有一个小细节，下雨的时候，他下意识还是把伞举得很高，远远超过了他需要的高度——这是他曾经为高女人撑伞的高度。

只要这一个细节，就足够了。

世界上最幸福的爱，就是爱你的人，用你所希望的方式爱你，爱你所希望他爱你的优点。可是，这个世界上有多少人互相爱是爱了，却爱得不是地方，爱得全不得当。

04

《射雕英雄传》中，郭靖和黄蓉初见，郭靖不知道黄蓉女扮男装，直管人家叫黄兄弟。他在街上看到很好吃的点心，就拿了几块，揣在怀中，准备拿给他的黄兄弟吃，中间历经艰险打了很多架，点心被压扁了。最后他不好意思说：算了你别吃了，扔了吧。

这时候黄蓉已经换了女装，一边吃一边流眼泪，说：从来没有人这么待我。

虽然点心很普通，很粗糙，甚至都碎了，可是她觉得很重要。

没有人教过郭靖什么是爱，怎么追女孩子，这一切都是郭靖下意识做的，因为他母亲从小教他的不是争取什么功名利禄，财富地位，而是教他踏实做事，真心待人，他自然也就学会了如何去爱一个人。

　　其实不是社会越来越冷漠，也不是人与人的交往越来越功利，而是有的人从小接受了功利的教育和观念，才以为这世上的一切都有明码标价，必须一物换一物。

　　爱不是猎取和占有对方，而是发自内心的责任感，是一生一世的承诺，就像信仰一样永不改变。不是爱已经离开，而是它一直存在。

　　不会爱别人的人，也不可能正确地爱自己。

谢谢你能来，不遗憾你离开

01

当代人的爱情到底能有多脆弱呢?

可能前一天还在互道晚安，第二天就一拍两散;

可能前一刻还在你侬我侬，下一刻就分道扬镳;

可能前一秒还在海誓山盟，下一秒就消失人海。

就像《前任3》里面的孟云和林佳。

孟云和林佳是一对相处了五年的情侣，因为一件自己都忘了起因的小事发生争吵，林佳提了分手。

林佳并不是真的想分手，她不过是在等着孟云像以前那样来哄她，来求复合，以此证明孟云对她的爱和在乎，获得爱情里的安全感。

她想的是:如果他真的在乎我，就会主动来找我，以前吵架两个小时以内他一定会来哄我的，现在过去这么久了他都没联系我，他就是厌倦了，不爱了。

其实孟云也没有真的想分手，但是这次他没有挽留，他想的是:以前每次分手都是我低三下四地去求复合，她如果真的爱我，为什么就不能主动一次呢？我就觉得她不会真的走。

两个心怀鬼胎的人就这么耗着，等着对方先放下自尊心来拥抱自己，想用对方的主动来证明自己的重要性。

林佳临走前一次又一次地出来拿行李，孟云焦虑不安地坐在客厅的沙发上偷偷看林佳的动向，每次林佳出来的时候又立马装作无所谓的样子。

林佳走的时候故意很慢很慢地关门，她还在给自己最后的希望，希望孟云能挽留自己，只要孟云说一句"别走"，她就会丢下所有的行李扑到孟云的怀里。

可是，这一次，孟云选择了自己的自尊心，没有挽留林佳。

门"砰"的一声关上了，也将他们分隔在了两个世界，斩断了最后一丝关系。

相聚不易，相处更难，但是分开真的是一件很简单的事，不过是一个以为不会走，一个以为会挽留。

在这场爱情的角逐里，两个人都试图用对方的主动来证明对方对自己的爱，用自以为的自尊心来期盼着最后的安全感。

最后，他们赢得了自尊心，却输掉了爱。

02

朋友看完电影一顿吐槽，说：我觉得孟云和林佳就是彼此不够喜欢，这又不是什么选择性的大事儿，两人也不是真想分手，如果足够喜欢，根本不会这么久不低头。

可是我觉得如果真的是不够喜欢的话，又怎么能维持长达五年的感情呢？只能说他们爱对方，但是说到底，最爱的还是自己。

因为爱自己，我们需要从对方身上获取大量的安全感。

当代的社会压力和生活压力，让我们太缺乏安全感了，我们害怕欺骗，害怕背叛，害怕失去，害怕孤独，害怕付出没有回报，所以我们把自己巧妙地保护起来，慢慢地变得不敢付出，不敢动情，不敢表露真实的自己，我们害怕被别人看穿，害怕让别人知道自己的软肋，我们假装坚强，层层保护，无坚不摧，自立为王。

我们需要通过一个个"实锤"来证明自己是安全的。

比如，查手机。

余飞和女朋友丁点吃火锅的时候还在不断地回微信，凭借女人的第六感，丁点觉得余飞在瞒着她和别的姑娘聊天，于是要求看余飞的手机。

如果余飞能大方坦荡地交出自己的手机，说明没事；如果遮遮掩掩推三阻四，则说明有猫腻。

被抓包的余飞自然是心虚的，他宁可把手机丢到火锅里煮了，也不愿意被揭穿。

当然这也等于间接承认了自己有猫腻。

如果一个人大方坦荡，问心无愧，自然不需要掩饰；相反，如果一个人有见不得人的事，面临被揭穿的第一反应自然是逃避和隐瞒。

同样，面对一个问题，如果答案不是直接明确的肯定，那么其他一切回答都表示否定。

丁点自然不会善罢甘休，跟余飞组了个坦白局，要求对方老实交代对自己隐瞒的事，余飞坦白了自己和其他姑娘搞暧昧的事实。

按照余飞的理解，他觉得搞暧昧不算什么事，毕竟我又没干吗，但是女生却觉得自己遭到了背叛。

其实这事儿，说大不大，毕竟就是微信聊天嘛，可是说小也不小，今天你能微信搞暧昧，谁知道你明天去哪撩姑娘呢，人的下限总是会越来越低的。

就像我们吃饭的时候，不小心吃出来了一根头发，事情说大不大，说小不小，但是让人觉得犯恶心。因为一根头发把一碗饭全倒了，觉得有点可惜；可是把头发挑出来扔了继续吃，还总是觉得有点不舒服。

一次被抓包让丁点失去了安全感，她选择了和余飞分手。

两个人不想低头，又想从对方身上获得爱，于是选择保持着"暧昧的朋友关系"。借着吵架的壳，撒着思念的娇。既保持了自尊，又可以和对方继续在一起。

其实归根结底，依然是选择了爱自己。

03

安全感的缺失还让我们更加渴望被爱。

每个人都在等待着别人的主动付出，即使有人主动付出了，我们还要对这份感情的真实性权衡再三，不断试探和验证，用感情的消耗来证明自己的猜想：看，他果然不爱我。

最后，我们拿着结论，抱着自己的自尊心，趾高气扬地离开了，还要感叹一句这世上已经没有真爱，却忘记了这世上没有任何人会无缘无故地只为付出不求回报。

就像电影里，林佳一直在默默地理解、信任、支持着孟云，即使孟云加班到很晚才回家，她依然给他做鸡蛋面等他；即使孟云陪她的时间越来越少，她也没有表露怨言。

可是孟云沉浸在自己的生活里，渐渐忘记了林佳的感受。他每天在外面生龙活虎，歌舞升平，回家却用一副疲惫不堪的样子应付林佳，看着忙碌又疲倦的孟云，想和他沟通的林佳每次都只能欲言又止。

我一直觉得世界上有两大借口最为狡猾，又让人理直气壮。

一是"忙"，二是"累"。

因为我很忙，所以你不能打扰我，打扰我就是耽误我做正事，就是你不懂事；

因为我很累，所以你不能纠缠我，纠缠我就是影响我仅有的休息时间，就是你不会体恤别人。

不管什么事，只要拿出这两大借口，就是把自己放到了道德的制高点上，不管怎样都是别人的错，屡试不爽。

其实，所有的"忙"和"累"，脱掉这层冠冕堂皇的外衣，里面写的就是两个字"不想"。

或许真的是对五年感情产生了厌倦，或许是习惯了林佳的付出和支持，也或许是孟云自己没有意识到，他越来越不想在意林佳的感受。

他曾经答应林佳要带她去海豚湾，结果五年了都没有带她出去玩过一次；

他知道林佳一直想养一只狗狗，如今有钱了却也不曾为她买过；

他享受着亲密关系带给他的陪伴和安全感，却又贪恋着外面精彩的世界，宁愿和兄弟余飞出去玩，也不愿多花一点时间和心思在林佳身上。

孟云的行为让林佳觉得他不爱自己了，她不再扮演默默付出的一方，她需要通过一些事情来证明自己还被爱着，来索取仅有的安全感，于是她选择了"分手"这种方式，企图用孟云的挽留来证明自己在他心中的地位。

只是这一次，他们都选择了所谓的自尊心，选择了爱自己。

04

自尊心这个东西，其实是和欲望成正比的，你想得到一个东西，就会变得低三下四，死皮赖脸，而当你对眼前的东西无动于衷的时候，自尊心就会在你心中拔地而起。

当你选择了只爱自己的时候，其他一切人和事对你来说都成了"无动于衷"，自尊心当然也就变成了最重要的东西，它让你宁愿选择放弃一段关系，一个人，也不愿意承认自己的问题。

就像电影的最后，孟云扮成至尊宝，宁愿在繁华的大街一遍遍大喊"林佳我爱你"，也不愿意走到她面前说一句"别走"；林佳在家中疯狂吃芒果导致过敏被送进医院，也不愿意找到孟云说一句"其实我还爱着你"。

明明一句话就可以解决的事情，我们非要选择最蜿蜒曲折的路，最痛苦不堪的方法去折磨彼此，也不愿意对最该说的人说一个字。

我喜欢你，可是我也不想再委屈自己了。

因为爱自己，我们选择了自尊，因为自尊，我们选择了放弃。

自尊心到底重不重要呢？

有人说自尊心是高贵的，伟大的，也有人说自尊心是肮脏的，一无是处的。

我倒是觉得，人真正变得强大，不是因为守护着自尊心，而是有勇气抛开自尊心去追求自己所想的时候。

而当代大部分人无法维持一段长久的恋情，或许就是把自尊心看得过高而遮挡了自己真实的心意。

回过头来，即使我们依旧不能维持一段长久而稳定的恋情，也无须抱怨烦闷。

因为每一个出现在你生命中的人，都是有原因的，好的人教会了你爱和勇气，不好的人教会了你自省和自持。没有人是无缘无故出现在你的生命里的，每一个人的出现都值得感激。

那些因缘分而来的东西，终有缘尽而别的时候。

这世间，本就是各人下雪，各人有各人的隐晦和皎洁。

第五章

即使一无所有，也要一无所惧

一个人逛街，一个人吃饭，一个人看电影，一个人做很多事。一个人的日子固然孤单，但更多的时候也会因孤单而快乐。至极的幸福隐藏在孤独的深海里。我们终将要在日复一日的生活里，学会与自己和解。愿我们都能在无奈的生活中既可把酒话桑麻，又能独钓寒江雪。

一个人也要活得热气腾腾

01

周末和双双一起去吃年糕火锅。一进门就看见不大的店里坐满了或三五成群或成双成对的年轻人。我和双双也找了个相对僻静的地方坐下看菜单。

点完餐没过几分钟，我们左边就坐了一个小伙子，他给自己点了份芝士小火锅，然后两眼放光地等待着即将饕餮的时刻。虽然他整个人都散发着欢快的气息，一出场自带《今天是个好日子》背景音乐那种，可一个人吃火锅终究在这热闹的小店里显得有点孤单没落。

我用余光打量了一番这哥儿们，然后悄悄地对双双说："哎，居然有人一个人吃火锅，感觉好孤单呢。"

双双说："那有什么，嘴长自己脸上，钱在自己兜里，还不是想吃什么就吃什么！"

我悄声说："那也很尴尬啊，大家都觥筹交错、把酒言欢的，就他一个人'举杯邀明月，对影成三人'，看着好像没有朋友一样。"

反正我以前是不喜欢一个人吃饭的，尤其是身处周围都是三三两两一起吃饭的人群中时，我更不愿意单独吃饭，我甚至能感觉到他们投来的自带声音的同情目光："这人自己吃饭啊""好孤单啊""没有朋友吧"……就算有的时候没办法必须自己吃饭，我也会以最快的速度吃完，付钱，然后落荒而逃，好像欠了债一样。

有一次，我面试完，当即就被通知录用了，很开心，第一反应就是来顿好吃的庆祝一下。可是那天是工作日，朋友们不是上课就是上班，没有一个有时间陪我吃饭。

我在北京的街头漫无目的地溜达着，突然发现了一家曾经非常想去的披萨店，很好，就它了！

我向门口走去，透着玻璃墙看到了里面欢声笑语的人们，大家成群结队地谈笑着，没有一个人独自吃饭。

要不要进去呢？我在门口徘徊了一阵，最终对美食的渴望占据了上风，我推开门进去，找了一个靠门的位置坐下。

服务员热情地拿来菜单，用标准的笑容问我："几位？"

"一位。"我一边翻着菜单，一边故作镇定地回答。其实内心早已经哭了：对啊对啊，我是一个人吃饭的可怜的宝宝，请不要赶我走。

只见服务员面露难色地说："不好意思，我们这里菜量比较大，您一位可能吃不完……"

当时可能是一个人去吃饭本来就心虚吧，我连"吃不完爷打包，老子又不是付不起钱"这种经典台词都没想到，就落荒而逃了。最后，我还是去了一个人吃饭也不会觉得尴尬的肯大爷家。

从那以后，我就更加坚定了不要一个人吃饭的想法。

想着想着，我们的菜和隔壁小伙的火锅就端上来了。我俩还没动筷子呢，小伙就抢起勺子开吃了！而且旁若无人，吃得特别开心！

我和双双惊呆了，感觉在他的强大气场下，尴尬的不是一个人吃饭的他，而是我们。

"你看，一个人吃饭也可以吃得很快乐啊，为什么要在乎别人的眼光，你啊，就是太在乎别人的看法了。"双双趁机喂了我一勺"鸡汤"。

02

我看着那个吃得欢快的哥儿们，又想起前段时间和朋友们一起吃烧烤时遇见的另一个人。

当时，我们四个人在一家烧烤店把酒言欢，吃着吃着，坐在我对面的安林嘴就不动了，半根钢签还在嘴里叼着，整个人中毒一样眼睛直直地看向我的方向。

我以为是自己太美了，美得让安林忘记了整个世界。于是很谦虚地说："大林，别看了，人家会不好意思的，虽然我知道我大概很美。"

"不是，你看你后边。"安林把签子从嘴里拔出来，努努嘴，让我看后方。

哎呀，难道有帅哥？

偷窥也是要讲究技术含量的，我装作寻找服务员的样子到处伸着脖子乱看，最后扭过身子看向后面——天哪！我后边的那个人，他他他他……他一个人在吃一整只烤羊腿！

一个人吃烧烤就已经够虐心的了，他还一个人吃烤羊腿，简直是人中豪杰，勇气可嘉！叫我我可干不出来这事儿。

后来，那个"烤羊腿"同学就在其他顾客的注目礼中，一个人欢乐地吃完了整只烤羊腿。

他们俩的勇气让我热泪盈眶，不知怎么地就想到了《霍乱时期的爱情》中的一段话：

诚实的生活方式其实是按照自己的身体意愿行事。饿的时候就要吃饭，爱的时候不必撒谎。

03

是啊，简简单单地吃一顿饭而已，我们为什么要考虑这么多呢？

我见过太多的人，为了掩饰一个人吃饭的寂寞，一边飞快地吃着饭，一边看着手机，有时疯狂地打着字，有时对着屏幕嬉笑怒骂，好像在向其他人证明：我一个人吃饭不是因为我孤单，你看，我这么忙，我朋友很多的，他们只是不在我身边陪我吃饭而已。然后匆匆吃饭，匆匆出门，整个过程好像打一场游击战一样，真怕他们会消化不良。

而现在也越来越多的人鼓吹吃饭不要单纯地吃饭，要以此去交朋友，去建立人际关系，一个人吃饭就是浪费时间。甚至有人写了这么一本丧心病狂的书叫什么《别一个人吃饭》，里面大肆鼓吹决不一个人吃饭，和别人一起吃饭是建立人际关系最有效的办法，甚至还介绍了和别人吃饭该怎样点菜，把吃一顿简单的饭说得好像是在下一盘大棋。我很难想象这种聚餐能带给人真正的欢乐，不论是味蕾上的还是心灵上的。

吃饭是对自己的一次褒奖，不能随便，不能将就，它是静静享受、品味快乐的最佳时光。不是说人多才能吃好饭，而是一个人更要好好吃饭。

中国人爱热闹，每逢吃饭都喜欢呼朋引伴，营造出一种热气腾腾的氛围，想用这种欢腾来驱走无尽的孤单。可是筵席散后，人走茶凉，寂寞的人还是寂寞，孤单的人还是孤单，饭桌上的热情顿时烟消云散，剩下的还是在黑暗里形单影只的自己。有时，兴尽悲来，不过是在人群中放大了自己的孤单。

所以说，多，不一定就好，一个人，不一定就是孤独。

在明媚的清晨，给自己煮一碗醇香的粥；在慵懒的午后，给自己做一份营养均衡的午餐；在疲惫的夜里，给自己温一杯热气腾腾的牛奶。这都是对自己的褒奖，也是治愈孤独的良药。

04

辛姐每天都自己做饭，即使工作再忙，也要准备好第二天的午餐。

中午大家都出去匆匆吃饭或者随便点个外卖的时候，辛姐便拿出自己做好的便当去加热，然后一个人在工位慢条斯里地吃饭。她吃饭的样子很美，慢慢地，一口一口地，仿佛整个世界都与她无关，只是吃饭，只是吃饭而已。

我曾问辛姐，做饭那么麻烦，为什么中午不和大家一起出去吃呢？

辛姐说，做菜就像人生，幸运的人总能找到属于自己的节奏。

我们害怕一个人吃饭，害怕一个人逛街，害怕一个人看电影，害怕一人旅行，说到底，就是将人生的节奏依赖在他人身上，让别人掌控了自己的喜怒哀乐，没有把握好自己的生活节奏。

曾经，我们坐在饭桌旁与家人一起吃饭，我们和朋友三三两两挤在食堂，分吃一盘菜，那些一起吃饭的日子温暖又迷人，可是，漫漫人生的旅途中，难免有时候需要一个人吃饭，学会享受食物，细细咀嚼食物带来的美好感觉，就能感受得到它超乎寻常的治愈的力量。

一个人逛街，一个人吃饭，一个人看电影，一个人做很多事。一个人的日子固然孤单，但更多的时候也会因孤单而快乐。至极的幸福隐藏在孤独的深海里。我们终将要在日复一日的生活里，学会与自己和解。

一个人的幸福生活，也将从好好吃饭开始。一个人也要活得热气腾腾。

告别的阵痛，叫作成长

01

你有没有遇到过这种情况：明明以前是很要好的朋友，却不知不觉渐行渐远，最后少有联系，相忘于江湖，即使他日再相逢，也无话可说，与和泛泛之交相遇比起来，反而更加尴尬。

我和陶子曾经是很好的朋友，两个人总是一起出游，一起看书，一起分享奇闻趣事。毕业后，我一头扎进心心念念的传媒行业，而陶子选择了继续留校深造。

一开始，我们还能相互分享彼此的生活，比如我打印文件忘了朝打印机里放纸，比如她导师一开口就来句："青龙偃月刀这个大刀片子！"。

后来，我因为刚开始业务不熟练，而把全部精力都投入到工作当中，每天都累得筋疲力尽，也没有心情再和她分享我的生活。我说的事情，她未必能理解，而她絮絮叨叨的那些校园趣事，也让我感到索然无味。

就这样，我们联系的频率以日为单位，慢慢变成以周为单位，再变成以月为单位，最终渐渐不再联系了。

有一天，我在地铁上恰好看到了许久未见的陶子，她身边有个我不认识的女孩，应该是她的同学。那一刻，我的第一反应竟然是装作没看见的样子，因为我不知道该和她说些什么。单纯的打个招呼？好像很见外。询问近况？好像也很尴尬。促膝长谈？这……大概不可能了。

我发现陶子也瞥到了我，可是她也装作没看见我的样子，我俩就这样心照不宣地和各自的朋友心不在焉地聊着天。

突然地铁到站了，下去了一拨人，我俩正好被人群挤到一起。这下好了！面对面了，躲不了了吧！总不能装瞎是吧？于是，我硬着头皮装作刚刚看见她的样子来了句："哎，陶子！这么巧你也在这里啊！"陶子也很配合："哎怎么是你啊？我刚看见你。跟朋友去逛街吗？"那一刻，我觉得我俩心里应该都在呐喊：世界欠我一个奥斯卡！

我们面带微笑，相互寒暄着，没话找话，可是也不好意思撇下彼此，毕竟曾经也是穿过一条裙子的好友。

还好下一站很快就到了，我拉着朋友仓皇而逃，临走前还留了句："以后有时间约啊！"陶子答应着。可是我们都知道，这个"以后"可能真的是很久很久以后，也可能根本不存在。

过去要好的我们，现在连一次偶遇都如此尴尬，但我却并不感到难过，因为她有了更加懂她的伙伴，而我身边也站了新的朋友。

02

《聊斋志异》里有一个叫《翩翩》的故事。

富家公子罗子浮生性风流，花天酒地，将家业挥霍一空，最终身染疾病，全身溃烂，流落街头。仙女翩翩巧遇罗子浮，把他带回自己居住的仙境，为他悉心治病，用圣泉沐浴，采芭蕉裁衣，摘翠叶煮食，最后医好了人不像人鬼不像鬼的罗子浮。

但罗子浮好了疮疤忘了疼，依旧拈花惹草，重涉赌场。结果，锦衣化为枯叶，钱财变成石头，罗子浮悔不当初，在翩翩的影响下，成了一个有责任心的人。然而仙境虽好，终非故乡，罗子浮最终决定返回人间。翩翩扣钗而歌，依依惜别。

这个作别就非常的美好。茫茫人海中，我们偶然相遇，你不幸落难，我无心地出手相助，不期望你的回报，大家相伴走过一程，等你渡过难关，我们分手作别，将这段独特的经历藏在心里，继续上路。每一段相遇，终将别离，时间到了，我们也就安静地散了。没有斤斤计较，没有死缠烂打，利索转身，踏歌前行。

03

有很多朋友常常感叹人情淡薄，世态炎凉，曾经的好朋友转眼就变成了陌生人。

其实，我觉得大可不必如此感伤。你们只不过是拥有了不同的人生而已，这又何尝不是一个崭新的开始？

曾经，我们在这偌大的江湖相遇，没有早一点，也没有晚一点，恰好赶上了，我们志趣相投，相伴而行，一路高歌，现在我们到了十字口路，分道扬镳，各奔前程，有什么可遗憾的呢？我们还会遇到新的同伴，陪伴我们去看不同的风景。时间到了，就心照不宣地作别，留下一段美好的回忆，还有什么样的友情比这种更加难以忘怀呢？

很喜欢六神磊磊写的一句话：相遇和作别有很多种，最棒的莫过于温暖一笑，急人之难，临去时挥一挥手，道声再见。"既然送到了，那我就走了。"这大概是最好的告别。

这当然是最好的告别。

对于走掉的人，我们不必牵挂，不必挽留，不必抱怨，默默祝福就好。最美的时刻永远在记忆里，只要我们知道曾经有这么一个人陪我们走过人生这场戏，就够了。最好的友情莫过于：你来，我热情相拥；你走，我坦然挥手。假如走得突然，我们来不及告别。其实也好，因为我们永远不用告别。

人的一生会有很多次告别，而每一次告别伴随的阵痛，我们叫作成长。

希望当你再遇到故人时，可以真心地，洒脱地说一句："嗨，好久不见！"

要么庸俗，要么孤独

01

　　小旗最近向我透露了离职的想法。理由是觉得周围的人都不能理解她的辛苦。

　　小旗在一家辅导机构已经工作两年了，每天除了做备课，讲课的基本工作以外，还要负责一些诸如招生、活动策划等零碎工作。

　　辅导机构不像普通学校，生源就是他们的经济命脉，而学生则需要工作人员一个一个去招，每个人都有固定的招生人数。小旗则需要每天联系三十名学生。

　　因此，小旗的日常状态常常是这个样子：八点到学校开始准备讲课，四个小时下来，口干舌燥，然后开始写这个学生的分析表，写完就开始对照通讯簿挨个联系三十名学生。家长的工作最难做，常常一个电话就要打半个小时。等到全部联系完，早就过了下班的时间，于是急匆匆赶回家写第二天的教案。周末加班招生，讲课就更是正常了。

　　有一次，主任让小旗写一份暑假招生的活动方案，催得很急。小旗就抛下手头的工作开始冥思苦想，终于在下班前交上了一份自己很满意的方案。可是，主任用不到一分钟的时间扫了一眼方案，就对其进行了否定，让小旗修改。小旗又参考了其他的成功案例，对文案进行了一番细致的修改，再次去交的时候，主任说方案已经定好了，这个就不用了。小旗很委屈，觉得自己一下午的时间都被浪费了，自己的心血也付诸东流。

最令小旗不可思议的是，第二天主任竟然以她没有按规定联系三十名学生为由，扣了她的奖金。

小旗觉得主任特别不能体恤自己，明明那天招生方案催得那么急，自己辛苦写了一下午不采用不说，还扣除了她的奖金，难道主任以为每个人一天的时间都是四十八小时吗？

受了莫大委屈的小旗决定离开这个无法理解自己劳动成果的公司。

我劝她打消这个念头。

因为这个世界上根本不存在理解，处的位置不同，想法自然就不同。小旗从员工的角度出发，觉得自己很辛苦，不被老板理解，而老板从领导的角度出发，觉得做好本职工作是员工的分内之事，自己督促员工却要被员工腹诽，同样觉得不被理解。

所以，不管小旗跳槽到哪家公司，这个问题都不会被妥善解决。

"理解"这个词，和"感同身受"一样，只属于词典而不属于生活。别人不理解你，就是这个世界本来的样子，如果有一个人哪天对你说："我很能理解你，我和你感同身受。"那他八成是在和你套近乎，你可千万别当真。

02

我有一个朋友小菜，从小就非常喜欢研究古文字，十岁已经可以熟练书写大篆、小篆、隶书和金文，十二岁的时候就已经开始琢磨甲骨文了。高考后，她难违父母之命，填报了金融专业，但是私下里一直没有放弃对古文字的研究。大学毕业后，她拒绝了到银行工作的机会，如愿考取了某知名大学的古文字专业，倾力于甲骨文的研究。

周围的人都很不理解，常常私下议论小菜：她是不是读书读傻了，银行那么好的单位，别人想进都进不去，她还不愿意去；真不知道学那些老古董的玩意儿，有什么用；学那个就算是博士毕业，又能找到什么对口工作啊……总之，大家对她的议论就没有消停过。

我本科期间也学过一年古文字的课程，确实难学又没什么用，只能偶尔拿出来装一下。所以，我也带着不能理解的心态问过小菜："小菜，生活还是很现实的，爱好不能当饭吃啊，你真的不考虑去银行工作？"

"不，我知道自己喜欢什么，想要做什么。"小菜推推鼻梁上厚厚的眼镜，一脸坚定地回答我。

"可是没有人理解你，大家都在背后议论你，你不觉得孤独吗？"我问。

"你要是觉得自己做的没错，那只要坚持做下去就行了，为什么非要让别人理解你呢？别人不理解又会怎样，我就不继续做下去了吗？如果别人都理解我，那又能怎样呢？我还是会继续做我的研究啊，所以别人理不理解根本不重要，重要的是你要理解你自己。"

现在，小菜已经硕士毕业，直接被保送读博了，她还因为表现突出，研究成果丰硕，常常被导师带去各大国际学术论坛去做报告，俨然学术界一颗冉冉升起的新星。

而当初在背后议论小菜的那些人，现在提起小菜，都是溢美之词，带着满满的羡慕之情，纷纷对小菜投身学术事业表示理解与支持。

所以，别人不理解你，真是一件再正常不过的事情了。很多时候，选择你所追求的，就是选择了孤独。如果你心里不平衡，总想着求理解，那大概是还不够喜欢，不够坚持。叔本华说过："要么庸俗，要么孤独。"大抵就是这个意思。

03

这世上没有两片相同的树叶，每个人也都有自己独立的思想和独特的个性，正是因为这样，才很难相互理解。如果每个人都能理解你，那你得普通成什么样啊？

正是因为不理解，所以你才是你；正是因为独特，所以你才会孤独。

就像小菜说的那样：别人不理解你，你就会停止自己的追求吗？别人理解你，你就会因此而放松对自己的要求吗？所以别人理不理解根本不重要，重要的是你要理解你自己。

不管是在网络上还是在生活中，我们经常可以看见意见不同的人争论。其实，完全没有必要。一个二十岁以上的人，思维已经基本定型，很难被别人说服，当然也很难说服别人。因此，面对别人的不理解，我们与其做无谓的争执，不如保持礼貌，继续坚持自己。

所以，你根本不需要别人的理解，只要你坚持做下去，取得成果之时，大家自然都能理解你并效仿你了。

成长，就是学会与自己好好相处

01

有一次，加完班后觉得无聊，就一个人随意拐进了公司附近的一家电影院，准备看场新上映的电影。

由于临时起意，没有提前订票，座位没的选。落座后，发现左边是一对情侣，右边是一对闺密。

左边的姑娘用打量怪物一样的眼神看了我一眼，然后一头扎进男朋友的怀里，撒娇似的说："谢谢亲爱的来陪我看电影，我可不敢想象一个人来有多么可怕，有你真好。"

右边的两位也发现了我的存在，相互安慰着有彼此的陪伴真好，其中一个姑娘还饱含同情地询问我："你一个人来看电影啊？你都没有朋友吗？"

我内心翻着白眼：这是什么鬼逻辑？一个人看电影就很可怜吗？然后微笑着跟她们说："嗯，我没有朋友，你们真幸福。"

然后我看到两个姑娘的手握得更紧了。

一个人做事就很孤单可怜吗？单独行动就是没有朋友吗？为什么大

众总是用合群来评判一个人是否幸福呢？

　　以前，我也喜欢和朋友们一起看电影，觉得一个人去会很尴尬。可是《魔兽》上映的时候，朋友们都表示对这部电影毫无兴趣，我一咬牙：只有自己一个人去看了。

　　我原本以为一个人去看电影会很尴尬，入场的时候像做贼一样心虚，我害怕别人用异样的同情的眼光看我，害怕在成群结队的观影队伍中显得异常孤单，所以一落座，我就把大大的3D眼镜戴上，拼命想将一切屏蔽。表面故作淡定，其实在灯光暗下来的几分钟前，我度秒如年，如坐针毡。

　　可是一切的一切，随着电影的开场而被抛到九霄云外。等灯光暗下来的一刹那，周围的一切仿佛被自动屏蔽，这个世界只剩下你和眼前闪光的屏幕，这是你与导演的两个人的交流，你尽可以随着银幕里的世界或大笑或流泪，这是只属于你一个人的自由宣泄情绪的时间。

　　当影片结束，世界恢复光明的时候，你收起脸上真实的表情，一脸平静地走出去，不用因剧情与他人争论，不用因感慨而被批故作高深。你怀揣着刚刚与导演交流的思想产物，静谧地享受着不被人打扰的精神洗礼。

　　一切是这么的美好。

　　从此，我爱上了一个人看电影。

　　想看什么就看什么，想坐哪里就坐哪里，想怎么评价就怎么评价。一切都是自由的。

　　所以，当遇到上述被人同情的情况时，我早已懒得与之辩解，相反，反而比较同情那种做什么都要抱团的人。因为这种人，往往没有自我，而且真正的孤独又空虚。

叔本华说："一个人拥有的越多，那么，别人能够给予他的也就越少。"所以，在独处的时候，一个空虚的人就会将这种感觉放大，更加觉得自己孤单又可怜，因此，他急切地想要寻求另一个人的陪伴，好用"抱团"的方式来掩饰自己的空虚。

相反，一个内心丰富的人在独处时只会感觉到自己丰富的思想和生活的乐趣。他们看上去形单影只，其实却生活得无比丰盈。

总之，一个人只有在独处的时候才能感觉到自己本身，才能完全成为他自己。同时，人只有独处的时候，也才是自由的。

02

刚刚毕业的时候，一位前辈请我吃饭，给了初入社会的我三条忠告：第一，永远保持三观端正；第二，要健身，保持身体健康，身材匀称；第三，享受一个人的时光。

那时候，前辈已经快结婚了，未婚妻漂亮又善解人意，可是他却说自己常常怀念单身的时光。

我揶揄他得了便宜还卖乖，他却很感慨地说："两个人的生活有两个人的好，一个人的日子也有一个人的乐趣。我现在常常怀念我刚毕业，还是单身的时候，一个人逛街，一个人听音乐，一个人旅行，那是完全自由的时刻，人一生也只有那么几年的自由。"

我很奇怪地问："一个人逛街旅行，不会很孤单吗？我可不敢……"

前辈很认真地说："你千万不要害怕一个人做事，其实以后你才会发现，能陪你的人会越来越少，大家有都自己的事要忙，真正做决定的时候，往往只有你一个人，一定要从现在适应一个人生活。"

当时我还半信半疑，后来越发明白了这些话的意义。

一开始，老同学和朋友们还会经常聚一聚，交流问候一下彼此的生活，后来大家都有了自己的新朋友，关注的焦点也越来越不同，共同话题越来越少，渐渐地也由见面改为微信交流，交流的频率也越来越低，后来慢慢沦为点赞之交。

其实越长大你越会发现，可以随叫随到的朋友越来越少，可以叫出来一起玩的朋友也越来越少，曾经可以彻夜长谈的朋友如今鲜有联系，满满的通讯录好友列表却很难找到几个可以说知心话的人。

你会发现，曾经簇拥在周围嬉笑怒骂的朋友，忽然有一天就都不见了，只留下你孤零零的一个人。

其实成长就是从一群人，到一个人的过程。

每个人都有自己的生活，我们不能时时刻刻都与他人捆绑在一起，当没有人陪伴的时候，我们就要学会与自己好好相处，与孤单和解。

03

我的同事婷姐是个大美人，连我一个女孩子看了都能动心。

　　按照"这个世界终究是看脸"的逻辑，婷姐应该是每天应酬不断的吧，可是并没有，她拒绝掉了所有的邀约，享受着与自己独处的时光。

　　她可以一个人逛街，一个人郊游，一个人吃火锅，一个人去 KTV，一个人过生日甚至一个人搬家。网上"十大孤独指数排行榜"的内容她基本都占了，可是这些行为与孤独无关，她反而很享受。

　　当我知道她一个人过生日的时候，简直惊呆到说不出话。我惊恐地问："你一个人过生日，不会孤单到想哭吗？如果换作是我，我就不过了，免得难过。"

　　婷姐也同样惊恐地反问我："为什么不能？生日本来就是一个人的节日啊。"

　　所以她不但过了生日，还过得有声有色。穿上了平时不怎么穿的露肩连衣裙，戴上了夸张但好看的首饰，送了自己喜欢了很久但一直没舍得买的礼物，一个人去了心仪已久的餐厅，还给自己订了漂亮的蛋糕，最后郑重地许下了生日愿望。

　　在外人看来，这样的生日简直孤单可怜透了，甚至想心疼得抱抱婷姐了吧？可是婷姐觉得比起在一堆热闹喧嚣的包围中迎合大众，还是按自己的想法过比较幸福。

　　"没有任何一种深刻和走心的交流，能在热闹的人群里完成。"婷姐如是说，"当一群人在觥筹交错的时候，沟通常常变得浅薄，因为你必须展开一个所有人都感兴趣的话题，而作为个体的'我'就被渐渐抹杀掉了，人在人群中最容易丢失自己。"

最初，我也喜欢认识各行各业的朋友，喜欢和不同的人聚会吃饭，那种人群中的热闹像吗啡一样，可以暂时麻痹你的神经，让你误以为自己生活得很精彩，很充实。

可是曲终人散后，你才会发现自己始终还是一个人，这种孤独感会比之前来得更加浓烈。所以为了掩饰自己的孤独，你会继续选择扎堆来麻痹和隐藏这种情感，然后在人群中彻底迷失自我。

后来，这种社交让我觉得十分疲惫，于是推掉了很多局，放弃了很多无用的社交，开始专注于自己的生活。

我可以不必考虑约谁去吃自己期待已久的料理，也可以不用考虑别人的行程去自己想去的地方，生活的节奏完全由自己掌控，沟通成本降低了，做事的效率提高了，也有了更多的时间反思自我，一个人，反而让我觉得比之前的生活更加充实。

不过，学会独处并不是说一个人要自闭，孤僻，不合群，而是说不要为了扎堆而扎堆，不要为了喧闹而迎合大众，牺牲自我。

其实，觥筹交错和青梅煮酒都是生活中不可或缺的调剂，觥筹交错虽不走心，但却能活跃沉寂的生活；青梅煮酒虽可交心，但难免容易陷入个人情绪无法自拔。

愿我们都能在无奈的生活中既可把酒话桑麻，又能独钓寒江雪。

你总要学会自己做决定

01

六月，高考成绩陆陆续续出来了，同样是几家欢喜几家愁，有不少读者也在和我分享高考的各种感受，不外乎是考差了，心情不好，不知道何去何从；考好了，兴高采烈，走上人生巅峰。

但是，小北的情况却让我有些迷惑。

查出成绩的当天，小北就兴奋地给我打电话说："西风姐，我考了六百九十八分，估计能报北大！"我一听，激动得手机差点儿掉了："恭喜你啊小北，苟富贵，勿相……"

"可是我妈不让我报北大，她想让我报我们省的某个青年政治学院……"还没等我说完，小北低沉的声音就打断了我的谄媚。

什么？我听过考不上名校哭着喊着要去的，还没听过考上了不让去的，真是岂有此理！

"为什么啊？"我以为小北在跟我开玩笑。

"因为我父母想让我毕业后留在家里工作，考公务员，安安稳稳地过一生。他们说，报考本省的学院，学习相关的知识，以后方便在家里这边工作。如果去北大的话，在外边待四年最后还是要回家，还不如……"小北的声音越来越无力，最后哽咽了起来。

"小北你先不要着急，这不还没填报志愿吗？我问你，你有喜欢的学科吗？"我尽力安慰着小北。

"有啊，我喜欢化学，希望以后能致力于化学研究事业。"小北听到这个话题，立马打起精神来。

"那你就报北大化学系啊，把你的想法告诉你父母，让他们尊重你的想法，毕竟人生是你自己的。"

"嗯，可是他们说学化学毕业了也找不到好工作，不如踏踏实实地留在家里……"小北犹豫起来。

"我始终觉得，你的人生应该由你自己决定，既然选择了，就不要后悔。"我又劝解了小北几句，便挂了电话。

在中国，这种情况我想并不少见。父母为了你的人生更加顺利，往往会用过来人的经验帮你设计一条"捷径"，在这条宛如温室的"捷径"里，你不需要承担任何风险，也不会遇到任何困难，即使受到了一点小小的挫折，也会有父母帮你"打怪杀敌"，你只管拿着这份"完美攻略"，安安稳稳地走向人生的终点。

这样"开挂"的人生看上去很爽是吧？可是你在使用"攻略"的同时，也意味着丧失了自己的选择，意味着会失去体验更多人生乐趣的机会。

这样的"攻略人生"，你还想要吗？

02

毕业后，我父母想让我留在家乡的市直中学做老师。

市直中学，工作稳定，收入尚可；教师职业，名声好，有寒暑假。听上去是很诱人的样子吧。

我很敬畏教师这个职业，可是却不想做老师。

我不想一辈子周而复始地看着同一套教材，

我不想一辈子循环往复地讲重复的东西，

我不想一辈子都和高考题绑在一起，

我不想过一眼就能望到头的生活。

于是我拒绝了他们的好意，只身一人来到首都，幸运地应聘到现在的杂志社，如愿成为一名编辑。

首都米贵，尽人皆知，而且编辑的工作远不如教师轻松，任务琐碎不说，还常常一言不合就加班。

刚开始那段时间，我也会忍不住向家里人抱怨几句，每当这时，我妈就会趁机召唤我回家过逍遥日子。

好在我意志比较坚定，而且知道自己想过什么样的人生，所以一直不为所动。这种精神要是放在古代，应该是堪比柳下惠的"坐怀不乱"。

后来，一切渐渐步入正轨，当我租房的时候有能力在东三环押一付三的时候，我知道我已经取得了阶段性的胜利。

其实，我也有打退堂鼓的时候，工作这么辛苦，回家吧；工资和预期有差距，回家吧；物价好贵啊，回家吧；房价好贵啊，回家吧……

可是，我最终还是没有打退堂鼓，因为在我拒绝了舒适选择了挑战的那一刻，就做好了承担一切的心理准备。

是的，我愿意为我的选择负责，我也会为我的人生负责。

03

很多人在面临选择的时候会犹豫不决，畏首畏尾，他们怕选择了 A，结果却发现 B 更好一点；选择了 B，又后悔错过了 A。

其实，我告诉你，不管你选择 A 还是选择 B，你都会后悔。

你之所以会犹豫，是因为你对自己的选择没有信心；你之所以会后悔，是因为你没有承担后果的勇气。

小北想报考北大化学系，当然他也有能力报考这个学校，可是他还是犹豫了，因为他害怕毕业后真如父母所说找不到好工作，不如留在家里做个安静的公务员。

他不敢为自己的选择买单，不敢对自己的人生负责，所以他才会瞻前顾后。

经常有人问我："西风，我不知道该怎么办才好，你能不能帮帮我？"

我的回答就是："不论你做什么决定，都要做好承担一切的心理准备，承担好的结果，也承担糟糕的结局，承担收获的喜悦，也承担失败的代价。"

你要始终清楚自己想要的是什么，并为不断地接近它而努力。一旦做出决定，就永远不要抱怨，不要后悔。赢了，拿得起；输了，放得下，无惧亦无忧。

这世上从来就没有完美的"攻略"，也没有山穷水尽的"绝境"。与其后悔抱怨，倒不如坦然接受，想方设法去解决当下的困难，然后迎接"柳暗花明又一村"的喜悦。

一个人只来这世上一次，是听从安排过"攻略"的一生，还是自己独辟蹊径"打怪升级"？其实，这没有对错好坏。你总要学会自己做决定。

只是，当你面对人生选择的时候，我希望你能从心而活，并且永不后悔。

对了，当我写完这篇文章的时候，接到了小北的电话，他说："西风姐，我要上北大。"

真正的友情是彼此吸引的

01

前段时间，我因机缘巧合被拉到了一个微信群，翻了一下，发现某知名媒体公司 CEO 居然也在里面。

这可是我接近大神的好机会，于是从来不主动加陌生人的我第一次用颤抖的食指点了 CEO 微信的"添加到通讯录"的选项。

然而点完我就后悔了，人家可是知名 CEO 啊，我是谁啊？人家凭什么加我为好友？所以对于通过好友认证的消息我也没抱什么希望，就继续去忙了。

万万没想到，两个小时以后我收到了一条微信消息："×××已通过您的好友验证，现在你们可以对话了"。CEO 居然通过了我的好友申请！

加了好友不说话是不是会显得我很无聊？可是我也不知道跟他说什么好，就像粉丝见了偶像一样，平时憋了一肚子的话想对他讲，可是真正见到了却一句话也说不出来。

　　为了避免显得愚蠢，我没有跟CEO打招呼。"就当我当时在忙，没看到吧。"我这样安慰自己。

　　三天后，我为了验证CEO有没有把我这种"无聊的人"删除，弱弱地给他发了条微信，表达了一下景仰之情。

　　消息发出去了，看来他没有删除我。正当我暗自庆幸的时候，CEO竟然回复了我！我怀着激动的心情和CEO简单聊了几句，CEO还把我拉进了他的好友群，群里都是一些耳熟能详的大神级人物。

　　你以为我从此打开新世界的大门，融入大神们的朋友群，逆袭走上人生巅峰了吗？

　　没有。

　　虽然加了微信好友，但是从那次简单的寒暄之后，我们没有再说过一句话，朋友圈里也只发一些和工作有关的分享。至于那个好友群，我除了偶尔看看里面的对话以外，基本不参与讨论。

　　群里的大神我一个都没加，一是因为我本身就是个懒于社交的人，二是因为我知道即使加了好友，大家也不会说话，也就无所谓加不加了。

　　加完好友之后，CEO还是CEO，在高端的朋友群里谈笑风生；我还是枚小编辑，在狭小的工位上勤恳工作。我们依旧没有共同的朋友群和话题，即使生活中面对面走过，也是相见不相识，唯一的交集就是共同存在于彼此的好友列表之中。

　　加完好友之后，一切都不会改变，也无法成为真正的好友。

02

以前我在网上写东西的时候，经常会收到读者的私信，想要我的联系方式，想更进一步地了解我的生活。我表示非常感动，然后拒绝了他们。

有高冷的读者说我装，但更多的是善解人意的读者，他们问我为什么。

我说："因为我平时比较忙，可能没有时间聊天。"

这不是敷衍，我平时真的鲜有时间聊天。两个陌生人加了好友，如果不交流，那加不加意义并不大，躺在朋友列表里也很尴尬；如果交流，由于两个人的现实生活并不一样，恐怕也很难有共同语言。

所以，我的好友列表里始终只保留着真正有交集的人。

有的人很喜欢炫耀自己有几百个几千个微信好友，仿佛这样就能显示自己的人缘多么好，人际关系多么广。其实，除了占用手机内存以外，并没有什么用。

马克·吐温在《赤道环游记》里写过一句很巧妙的话："当你向富裕的山上攀登的时候，总希望会遇到一个朋友。"

我们在急急忙忙加微信好友的时候是不是也会有这种"阴暗"的小心思呢？

这个人是 ×× 行业的，以后可能用得着；

这个人好厉害，以后想抱大腿求提携；

这个人名气大，加了以后去朋友圈装……

于是你加了一堆不说话的好友，然后就真以为你们是好友了。

其实真正当你需要帮助的时候，这些"好友"并不会伸出援助之手。大家心里都清楚，你把我当潜在人际关系，我也把你当潜在人际关系，现在你想得到我的帮助，那我得掂量掂量自己能有什么回报。

而且，朋友也是需要势均力敌的，只有生活环境和思想水平在同一个高度的人，才有可能成为朋友。就像我们听到马云和一个流浪汉成为朋友时，第一反应是根本不可能，而听到马云和赵薇成为朋友时却心悦诚服一样。

这就是很多人抱着好友列表满满的手机却依旧倍感孤独的原因，也是看上去拥有很多朋友，在需要帮助的时候却找不到一个可信之人的原因。

03

有人喜欢很沧桑地说："只有在困境的时候，才知道谁是你真正的朋友。"可是你有没有想过，你自己有把别人当朋友吗？

小时候，一块橡皮切成两半，你一半，我一半，我们便成了朋友。而现在，我们动动手指，加个微信，就以为能友谊地久天长吗？

殊不知，一起吃喝玩乐的人，叫玩伴；一起合作共享的人，叫工作伙伴；有过一些接触的人，叫熟人；加了微信的陌生人，只能叫"微信好友"。要知道，找到朋友的唯一方法是自己成为别人的朋友。

一个人不可能有许多朋友，所谓的"朋友遍天下"不过是一种诗意的夸张，或者是一种虚荣心作祟。热衷于社交的人往往自诩朋友众多，可是他们心里清楚，真正的社交场上没有友谊，只有利益。真正的友谊，都是安静的。

加了好友以后，一切都不会变，所以与其把时间浪费在无所谓的社交上，倒不如与身边的三五好友一起踏踏青，泛泛舟，品一杯不冷不热的茶，说一席不温不火的话，然后青梅煮酒东篱下，举杯对饮话桑麻。

当然，微信好友中也能交到真正的好友，这需要你自己去努力发现和培养。朋友恰似独行旅人在风雨交加的夜里遇到的幽幽灯火，交朋友也是需要运气的。

凡事靠自己，不要依靠别人

01

某日在商场，一进门就被一对青年男女拦截，小姑娘年纪不大，染着黄色的蘑菇头，一脸青涩和纠结，男的看上去年龄偏大一些，二十七八的样子，与小姑娘保持了一定的距离。

凭我以前的经验，这种不是搞推销的就是做活动的，于是边摆手拒绝，边加快了脚步，想冲出重围。

小姑娘仍不放弃，跟着我加快了脚步，继续推销着他们的产品。

听了半天，我算是明白了，他们是楼下××造型工作室的，姑娘是美发专业的学生，在做实习，男青年是他们的培训师，现在他们工作室在搞活动，想找三个姑娘做发型设计体验，不需要任何费用。

了解情况后，我对姑娘说："不好意思，我不需要，你找别人吧。"

姑娘一看被拒绝了，立马不高兴了，皱着一张小脸急切地解释着，声音也不自觉地提高了。我无心纠缠，更不想耽误姑娘的工作，再一次拒绝了她，想赶紧摆脱他们。

这时，男青年说话了："姑娘，你先听一下她说话嘛，就听一下，几分钟。"

听到这话，我竟然产生了一丝羞愧：对啊，我怎么能不好好听别人讲话呢？我真不尊重别人，我真没素质。想到这里，我停下脚步，对姑娘说："姑娘你说吧，我听着。"

小姑娘像抓住了最后一丝希望，开始用极快的语速跟我普及他们的活动内容，情到深处还被呛到了，然而我只听到了一句话：你的头发有些毛糙，这个发型不适合你……然后这句话开始在我脑海中环绕立体声循环。

我是一个经不起嘲讽的人，如果你嘲讽我，我就让你哭。

于是我再一次拒绝了小姑娘："对不起，我对这个活动不感兴趣，也不想改变我的发型，别跟着我了，好吗？"

估计是小姑娘之前已经被拒了很多次了，到我这里情绪彻底爆发，她真的泪眼婆娑地说："你就当支持一下我的工作不行吗？就十分钟，又耽误不了你多少时间！"此时那个男青年又继续重复那句话："你就听一下她说话嘛。"

我立刻意识到自己被"道德绑架"了：我工作不易，所以你要支持我；我在对你讲话，所以你就该认真听。

清醒后的我立马严肃地对小姑娘说："对不起，我没有义务支持你的工作，而且我的时间也很宝贵，你们找别人吧。"

小姑娘还在倔强："那你听了这么多，你了解我们产品吗？你都不了解一下，怎么知道不需要呢？"

　　我彻底没辙了，又不想跟一个陌生小姑娘辩论，于是默默从包里掏出刚在地铁口收的传单，然后凑近她，压低声音问："我不想了解你们的产品，不过，请问你知道安利吗？"

　　小姑娘显然没有料到剧情会这么发展，目瞪口呆地看着我，不知所措。还是那个"培训师"是老江湖，立马拉着小姑娘走了。

　　我长舒一口气，觉得有点可惜：刚才应该忽悠那个小姑娘赶紧离职的，她没有发现他们的营销方式有问题啊。

　　首先，小姑娘是做发型设计的，可是她连自己的头发都没有保养好，黄发衬得她肤色暗淡，蘑菇头显得她脸大了一圈，而且发质干枯。发型师的造型就是一张胜过千言万语的名片，如果都不能包装好自己，还怎么令顾客信服呢？

　　其次，推销内容有问题。姑娘上来就指出顾客头发存在问题，本来就很令人反感，没有人收拾妥帖来逛街结果被人指责头发有问题还能开开心心听你继续说话的，而且她讲了半天，我都不知道活动的目的和内容是什么，这绝对是推销大忌。

　　最后，对客户实行道德绑架，这是令人反感的愚蠢方法。

　　总之，这两个人自己没有做好足够的准备，就企图得到别人的帮助，当然希望渺茫。

　　想让别人帮忙，并不是说自己不用做功课，如果你自己没有达到条件，即使别人帮助你，给了你机会，你确定就能接得住吗？

那种随便装装可怜就能收获一堆援助之手的时代早就过去了，现在，找人帮忙也是要凭实力的。

02

我知道小姑娘刚开始实习不容易，也有点玻璃心，可是谁不是从开始的懵懂一路跌跌撞撞走过来的呢？如果你以为"没经验""很辛苦"之类的话可以作为别人帮你的理由，那么你可能永远得不到想要的帮助。

在我进入编辑部实习前，完全没有接触过这行，而且本专业也与这行无关，所以和其他实习生比起来，会显得上手慢，不熟练，甚至完全不知道怎么做。

大概是和其他实习生比起来简直太弱了，主编也不太看好我，有一次语重心长地对我说："我感觉你的存在感有点弱。"

我说："好好好，我会努力的。"可是晚上回到家就突然委屈地想哭：我才来了三天，根本没人教我怎么做，为什么就觉得我做得不好呢？如果培训一下，我肯定不是这样的。

现在回想起来，真觉得自己幼稚得可笑，毕竟职场不是学校，没有人会手把手教你，你只能自己帮自己。

好在我当时没有自暴自弃，反而开始认真琢磨怎么才能尽快进入工作状态。

为了找稿子，我把近一年的杂志都看了，摸索选稿风格，像老编辑询问找稿的网站，自己联系荐稿人，顶着烈日去图书批发市场买其他杂志找稿选稿。

初次接触新媒体，做的不如其他在新媒体公司实习过的同事好，就厚着脸皮去问怎么做，用什么软件做。不会写新媒体的文案和软文，就去微博和其他微信公众号学习方法套路。

遇到不懂的问题，我还经常询问带我的老编辑娟姐，每周自觉向她提交工作报告。

娟姐是个很好的人，知道我脸皮比较薄，有些不懂的地方不好意思问，也会主动问我近期的困惑。同时，她也看到了我的努力，经常找我谈话，让我不要着急，多多向其他有经验的编辑学习，还会给我讲一些自己的经验，让我很受用。

那段时间，我成长得非常快，仅仅一周，就和当初那个"没有存在感"的实习生大不相同了。但是还缺少一个让主编看到我进步的机会。

可是突然有一天，主编让我做一本新书的软文，我诚惶诚恐地答应了。那条软文获得了不俗的点击量，我们大 BOSS 都夸赞做得好。就是这个机会，让领导注意到了我的存在。

后来，主编又让我独立策划完成了许多大型活动，我都交上了令领导满意的答卷，自己也收获了很多宝贵的经验。

我一直很纳闷，为什么领导会突然让我这个"小透明"去做这么多事情。直到一次开会，主编说是娟姐很看好我，说我很努力，让领导给我一个展示自我的机会，领导这才将信将疑地试了我一把。

最后知道真相的我，眼泪没有掉下来，但是很感动。我一直觉得娟姐对我有知遇之恩，所以去答谢她，可是她说："你的努力我都看在眼里，你只是缺一个机会，我也不过是顺手帮忙，这一切还是你努力的结果。"

后来，我也没有让娟姐失望，很快在新人中脱颖而出，拿到了最高的绩效奖金。

其实，机会都是自己争取来的，当你自身的能力达到了，即使没有开口求别人帮忙，别人也会拉你一把。相反，如果你自己就是个扶不起的阿斗，别人想帮也是爱莫能助。

03

每年春天都是离职潮与求职潮并存，朋友小昭从原来的公司辞职后，一时没有下家，正好我认识个主管朋友苦于招不到人，岗位又和小昭之前的岗位挺对口，我就欣然引荐了小昭，并叮嘱主管朋友给开高一点的工资。

主管朋友面试了一下小昭，觉得还不错，挺靠谱儿，立马就把她签了下来，小昭不但解决了工作问题，而且工资还翻了倍。

小昭感谢我，问我为什么帮她，我说我觉得这个岗位很适合你，就推荐了你，举手之劳。主管朋友问我为什么这么热心推荐人才给她，我说我知道你是个能力强人又好的老板，把朋友介绍给你，我放心。

其实就是这样，有时候帮助别人也是无心之举，只是觉得你有让我帮你的条件，于我也没什么损失，那何乐而不为呢？

自身没有过硬的条件，即使我有能力帮你，也是枉然。

最近我们公司招人，朋友的姐姐想来面试，朋友让我帮她投个简历，我说："递简历可以，但是最后能不能留下，还是得靠姐姐自己。"

于是我提供了个方便，让朋友姐姐免了海选一关，直接把她简历给了 HR，还推荐了一下，可是 HR 面试了一下姐姐后，觉得她工作经验不足，不太能胜任这个职务，最后婉拒了她。

朋友姐姐也是个通情达理的人，依旧感谢了我，反倒是我觉得没能帮上忙而有点愧疚。

可朋友姐姐说："是我自己确实存在经验不足的问题，没有把握住机会，你能帮我投简历，已经很感谢了。"

同样是求人帮忙，朋友姐姐的态度就令人觉得很有教养，而那个发型师小姑娘，只能让人觉得厌恶，即使我有时间，也不愿帮她。

04

或许，以前，我们遇到困难，哭一哭，撒个娇，就会有一大帮好心人来帮我们，甚至替我们把工作完成。可是长大后才发现，能帮你的，只有自己。俗话说"万事俱备，只欠东风"，如果你想得到那股"东风"，也得先"万事俱备"才行啊。

别人帮你是情分，不帮你是本分，不要指望全世界的人都会惯着你，想求人，也得先看看自己能不能承受得住这份恩惠。

　　我们这一生，要走很多条路，有笔直坦途，也有羊肠阡陌；有春天的风景，也有冬季的荒凉。无论如何，路要自己走，苦要自己吃，别人无法帮忙。

　　当你走过泥泞，迈过坎坷，让自己站立得笔直，自然会有人在高处拉你一把。

为什么越长大越难交到好朋友

01

桃子要出新书了，想请个有点名气的作家朋友写个序。

她认识很多作家，也有很多名人，按理说找一个应该不难，可是她翻遍通讯录，居然找不到一个合适的人选。不是作家不够出名，而是她不好意思开口求人。

桃子苦闷地说："我们平时的联系都是止于工作，没有什么深入的交流，就算有几个有私交的，关系也没到可以开口让人作序的地步啊。"

我说："几千号人你就找不到一个可以帮忙的吗？你不说你朋友挺多的吗？"

桃子皱着眉说："我朋友是挺多的啊，而且每天都在认识新的人，一个比一个厉害，我们还都加了微信，怕的就是哪天有用得上的地方，没想到真到刀口上了，一个人也帮不上忙，突然觉得自己之前做的都是无用功，太可悲了。"

我说："你说的那些，根本不是你的朋友。"

"对对对，根本不是朋友，一点道义都不讲！果然越长大越没朋友。"桃子义愤填膺。

"不，我是说你根本没有把他们当作朋友去对待和交流，而是当作潜在的人际关系。"我说，"我认识他们，是为了他们的名气或者社会地位或者其他，你的潜意识告诉你他们对你现在或者未来是有一定用处的，你说是不是？"

桃子支吾半天，依旧不想承认："我没你说的那么功利吧……"

"那我们就说那个王大铁，要不是因为他是个作家，是你的资源，你会想和一个吃饭挖鼻屎的人认识吗？"我知道这样很对不起王大铁，但是除了这一点我实在想不到他还有什么事情可以让人铭记于心。

大概是想到了王大铁挖鼻屎的样子，桃子终于承认了这一事实。

有很多人感叹长大后再也没有纯粹的友谊，也交不到真正的朋友。可是，在发出这种感叹的时候，你有没有扪心自问一下，现在的你，是想交朋友，还是想积累人际关系？你认识一个人的目的还和当年一样纯粹吗？

以前我们认识一个人，觉得聊得来就是朋友，认识没二十四个小时就可以一起撸串喝酒，掏心掏肺，有什么事一个电话就可以立马召唤到门口，有些心里话你跟朋友说得比跟你妈说的都多，你觉得全世界只有他才是最懂你的人，他就是你的小太阳，即使他在别人眼里只是个普通得再不能普通的人。

那时候的你，从来不会考虑其他因素，他的成绩、职业、收入等统统和你没有关系，你只是想和这个人在一起玩。

可是现在呢，每天加二三十个微信好友，连签名都改成了"加好友请注明公司职位"的你，还有什么资格抱怨交不到朋友呢？

因为比起这个人，你更注重的是他对你的价值，一开始就解错了题，怎么还能奢望结果正确呢？

02

前几年，很多人喜欢谈论"人际关系"，现在，人们为了掩饰这种赤裸裸的利用关系，开始改用"资源"这一更加隐蔽的词代替，企图为这种目的性极强的交往粉饰一下，其实汤换药不换，还是一种功利的交易关系。

有的人说了，现在大家都这么不容易，彼此帮助一下，提供一下便利不好吗？

彼此帮助无可厚非，可是问题在于，你所谓的人际关系和资源其实并不能给你提供实际的帮助。

所谓人际关系，不是指数量，而是指更深一层的信赖关系。

比如，当你闭上眼睛想象"自己的人际关系"时，首先想到不是他的社会身份，而是让你感觉"我可以和这个人往来"的对象，是彼此都认为"我可以信任他"的对象。这种可以超越工作范畴，达到一定的交往程度的，才是真正的人际关系。

有人认为，"认识的人越多，关系越丰富"，或者"与众多的人往来，才是打造人际关系的好方法"。但是，其实那些并非真正的人际关系，而是人际关系。

因为再怎么亲密联结，人际关系和朋友关系甚至是两回事。就像有些人，你们几乎每星期都见面，经常一同饮酒作乐，但是却没有更深入的了解和交流，我不认为这是人际关系，而仅仅是简单的人际来往。

这种来往，其实除了浪费你的时间精力以外，并没有什么用。因为你们的交流仅限于一些肤浅的交流，并没有深入到对方的生活。

不信，你可以向天天见面的室友、同事或同学借几百块钱，即使天天接触，你也会发现大家的犹豫程度是不同的。虽然这个做法不太妥当，但是我们也不得不承认，有时候，真的是金钱考验人性。

所以，所有的感情都是需要投入一定额度才有会收益的。单纯地、肤浅地去认识其他人或者忙于社交，既交不到朋友，也不会给你带来想要的结果。

就像杨奇函说的：在没有感情基础的前提下，全拼综合实力。对于弱者来说，一些所谓的人际关系，看似全线飘红，实则虚假繁荣。

03

曾经听说过这么一个故事：

一个男人和他的狗感情非常深，有一次，他出差一周归来，狗嫌他出门时间长了，给他"脸色"看，不搭理他。他用手去摸，狗上来就咬了他的胳膊一口。他急了，当即给了狗一巴掌——轻轻的一巴掌。没想到，那狗开始绝食，一口东西都不吃。最后这人坐在狗面前，各种认错，解释，讨好，从早一直说到晚，天都说黑了，最后，狗原谅了他，开始吃食了……

我把这个故事讲给其他朋友听，朋友听了都很着急：假如他在外面玩了半个月，一进门儿，老婆跟那狗似的，也阴个脸爱搭不理，没说两句就"吭哧"咬他一口，他会怎么样？得闹吧？得说这日子没法过吧？为啥这事儿狗做就是灵性，老婆做就是不懂事？老婆还给他生孩子养孩子伺候他吃穿呢！为什么狗吃他的喝他的，他出门还得跟狗请假，回来还得坐在狗跟前哄着？

其实朋友是没有明白，感情其实跟信用卡似的，感情深，信用额度就高；感情浅，信用额度就低；没感情，就只能借记。你得先往里存，然后才能消费，还不能透支。

好多人不懂这个道理，你跟人家明明只有两万的信用额度，非要刷五万的现金，人家能让你刷吗？狗在这事儿上就比人强，人家先建立感情，而且专一，日积月累，信用额度慢慢就累积得很高很高，所以即使有那么点任性，对方反而觉得这是对自己感情深。

就像我们以前和朋友在一起的时候，掏心掏肺，付出不计回报，现在遇到困难了，人家自然也会全心全意地去帮你。现在你上来就抱着一个求帮忙的心去认识人家，人家还都不知道你是谁呢，当然会拒绝你了。

因为你跟人家的感情没到那儿，你也这样，那谁买你的账？

所以，不是越长大越难结交真朋友，而是你根本没有想认认真真地去认识和了解一人，你没有投入感情，怎么还能奢望有回报呢？假如你真心并且用心想去认识这个人，去和这个人交朋友，相信永远都会有人愿意做你的朋友。

04

有一次，在群里认识了一个同行的姐姐，姐姐刚转行做编辑，不太了解行情，就加了我的微信，说要请我吃饭。

我一般不太喜欢和陌生人线下见面，总觉得没有话说会很尴尬，但是这个姐姐实在诚意十足，我就答应了她。

姐姐的地方选得很有诚意，各种礼仪也很体贴和到位，让我受宠若惊。

我本来是礼貌性地去赴宴，没想到我们聊得十分投机，其实姐姐在行业内经验和资源都比我丰富，却还主动来请教刚刚入行不久的我，这种低调和谦虚的性格也很令我佩服。一顿饭下来，我们成了朋友，即使姐姐没有明确表示她的目的，但是我有了新的资讯或者靠谱的作者资源也会主动告诉她。当然，姐姐也没有少帮我的忙。

我和这位姐姐之间算是朋友关系还是人际关系呢？其实说不清，但即使只是相互帮忙的人际关系，也远远胜过了那些天天一起吃喝却丝毫不能交心的人际关系。

如果积累人际关系没有错的话，我觉得这就是最好的人际关系——把人际关系变成朋友。

原本我就有不喜欢社交的倾向，可还是有许多与人结识的机会。这是因为我所珍视的朋友，都会介绍新朋友给我认识："西风，这个作者文笔不错，你一定要认识这个人。""我觉得你们两个一定合得来，所以想介绍他给你认识。"

后来，我认识的靠谱的人越来越多，不是说我擅长社交，而是有人接二连三地把人介绍给我。

其实，慢慢地我们才会发现，不是越长大越难交到朋友，而是原来我们都变了，变得不再为自由活着，而是更多地被生活捆绑。

拥有太多，却不够深刻。

仅有一次的人生，学会好好爱自己

01

阿原是地道的北京人，但是和其他老北京不一样，他不喜欢大碗茶，单单对咖啡情有独钟，但是觉得速溶咖啡没有醇香的味道，于是就每天自己磨咖啡豆。

他有一个精致小巧的手动式磨豆机。磨豆机大约有十七厘米高，十厘米宽，欧洲复古造型，打磨精细，线条柔和，上部是黑色铸铁的豆仓（放咖啡豆的地方），把手和机身为棕色的原木质地，粉槽是抽屉式设计，磨好的咖啡豆会直接从内部流到粉槽里，拉开抽屉就可以见到精细如沙的咖啡粉。磨豆机的底座上雕有复古的繁杂花纹，正中间隐隐可见有一个后来刻上去的"Y"字样，那是阿原自己刻上去的，是他名字中"原"字的首字母。

与之相配的，还有一个简洁大气的骨瓷咖啡杯，浅棕色的矮胖杯体配着纤细的白色瓷勺，给单调沉闷的办公桌增添了一抹情趣。

他的位置上，有一堆各式各样的咖啡豆，蓝山、曼特宁、摩卡、古巴，等等。每天早上他到办公室的第一件事，就是烧上一壶热水，然后开始磨咖啡豆。

他会挑选出一种口味的咖啡豆，数三十粒，然后一颗一颗地放到磨豆机的豆仓里，开始研磨，一圈圈地按顺时针方向转动着磨豆机的把手，任时光慢成一幅画。这时，整个磨豆机就像一个沙漏，棕红色的咖啡粉如同沙漏里的细沙一样缓缓地流下，当最后一缕也从中滑下后，热水也差不多烧开了。

为了完成这一次咖啡的轮回，阿原每天都去得很早。

他们的公司是八点一刻上班，他七点多就到了，有时会更早。同事们一般都是八点左右才拿着早饭慌慌张张地来打卡，所以一进办公室就会闻到一股香浓的咖啡味。

同事们开玩笑说每天早上闻着这个味道，自己不用喝咖啡就精神了。也有人很不解地问他，速溶咖啡和这个也没差到哪里吧，干吗这么讲究，有那点时间还不如多睡会儿觉呢。

阿原回答说："比起多睡十几分钟，我更愿意用相同的时间来满足自己的味蕾，我就活一次，为什么要每天凑合着喝自己不喜欢的咖啡？委屈的还不是我自己？"

果然，比起每天慌慌张张拿着早饭赶时间的同事无精打采的样子，阿原每天都显得神采奕奕，精力十足。

02

我的邻居是一对退休老夫妻，儿女在外地工作，常年不在家。每逢周末，这对老夫妻都会邀请我到他们家一起吃饭。

第一次去的时候，我原以为只是吃个普通的午饭，可是一进门就被满桌的菜小小地震撼了一下。明明只有三个人吃饭，他们准备了六七个菜，荤素搭配，还倒好了红酒。这让我受宠若惊。

我原以为他们是为了我这个客人才准备了这么多菜，攀谈之后才发现是我想多了，他们两个人平时吃饭也是这个样子的。

老两口在饮食上很讲究，虽然只是两个人吃饭，但是早、中、晚餐都会精心准备完全不同的菜色，其中午餐尤为"隆重"，两个人每天中午的标配是四菜一汤，两荤两素。

蔬菜吃的是亲朋好友种的有机青菜，鱼是自己从郊外的河边水库钓的，而且肉类以脂肪含量低营养价值高的牛肉为主。偶尔有了雅兴，二老还会小酌一番。

我很奇怪，明明只有两个人吃饭，为什么还要花费心思准备这么多，做一顿饭要花一个多小时甚至更久，而吃饭却只要半个小时，有一种"充电两小时，通话五分钟"的感觉，怎么想都觉得很不值啊。

刚开始工作的时候，我也是个有生活情趣的文艺青年，下班后会做好第二天的午饭，而且每天尝试不同的菜色，后来工作一忙，别说做饭了，吃饭都没时间，导致我至今都无比怀念那段下班后买菜做饭的美好时光。

有时候早上走得匆忙，我常常叼着片面包就跑了，每当被邻居阿姨撞见都要被批判一番："你早上吃那个不行的！那个没有营养，以后跟我和你叔叔一起吃早饭吧！""不了不了，阿姨我没时间吃饭！"

我们总是以生活太忙节奏太快为理由，凑合着吃着每一顿饭，过着每一天，殊不知生命就在我们这一天天的凑合中变得廉价。

有次一起吃饭的时候，我"不经意"地问起邻居："你们两个人吃饭，为什么还要做这么多菜，不觉得麻烦吗？随便做两个得了呗。"

这次轮到阿姨不理解了："自己做了自己吃，有什么好麻烦的？人再怎么忙也不能亏待了自己啊。再说，我们这个年龄好好吃饭还能吃几年？"

我突然就想起了那个每天坚持自己煮咖啡的阿原，即使大家都在赶着时间，将原本应该细品的醇香咖啡变为当作兴奋剂使用的速溶咖啡，他还是坚持给自己营造一段缓慢悠长的咖啡时光。

我们总是抱怨时间越来越不够用，生活节奏越来越快，可是时间从亘古的隧道流淌而来，始终保持着平稳的步调，春去秋来，花开花谢，东升西落，一直都没有变过。一天二十四个小时人人平等，没有谁快到一天二十个小时。所以，变快的是时间吗？当然不是，时间总是带着它最潇洒的姿态，来去自如，跟不上节奏的，是人心。

03

七夕前夜，张小萌的各大社交平台就充斥着形形色色的有关的"七夕"的话题，"虐狗""秀恩爱"等，口水与脑洞齐飞，段子共自黑一色。

张小萌百无聊赖地刷了刷微博，然后关上手机，扔到一边，沉沉睡去。在她这种上班族看来，八月九号，只是普通的周二而已。

今年，是二十七岁的张小萌来北京的第五个年头了。这五年里，她换了两份工作，从海淀搬到朝阳，从职员变成高级主管，就在今年，还刚刚买了自己的房子。

她美丽，多金，积极又充满干劲儿，每天穿着合身的职业装挂着工牌出入在望京 SOHO，对上级微笑，对下属点头，就像所有年轻姑娘所崇拜的独立女性一样光彩照人地活着。

可是，大家偶尔也会在背后窃窃私语，因为这五年里，张小萌没有谈过一次恋爱。

不是张小萌找不到男朋友，曾经追她的男同胞可以从南锣鼓巷排队到后海，可是张小萌打量了一番，觉得还是努力奋斗吧，毕竟青春只有一次，比起飘忽不定的爱情，能抓在手里的才是实实在在的东西。

所以，她这五年就在加班、听课、开会、出差中度过，偶尔出去放松一下，也是忙碌的工作生活中的小小怡情。

五年过去，她如愿以偿地升了职，加了薪，买了房子。她捏着那张可以无限透支的金卡，内心感到无比的踏实，这就是她五年来的辛酸与眼泪，付出与汗水。没有爱情的生活也曾让她感觉寂寞与空虚，可是回首看到自己一步一步坚实的脚印与尚可满意的成就，那种空虚又一下子被风吹散了。

七夕那天，张小萌像往常一样穿着得体的套装来公司上班，依旧对每个人保持着微笑。她对收到礼物的女同事表示祝福，眼神里却丝毫没有羡慕。一切就像一个普通的周二一样，没有任何的变化。

下班后，她没有直接回家，而是去燕莎和翠微血拼了一番，从包包服饰到香水首饰，一个女孩子在七夕可能收到的一切能引起尖叫的礼物，她都为自己买了。

回到家已天色渐暗，她刚将东西归置整齐，门铃就响了。打开门，一个年轻小哥捧着一大束鲜花出现在门口："张小姐您好，这是您的鲜花，麻烦签收一下，祝您节日愉快！"张小萌在签收单上留下了漂亮的字迹，她接过鲜花，微笑着对快递道了谢，轻轻关上了门。

她将鲜花插在卧室的花瓶里，端了一杯Piper-Heidsieck（白雪香槟），透过高大的落地窗望着路上或相依相偎或步履匆匆的人们，嘴角露出一丝得意的笑。

随后，她拉上窗帘，屏蔽了整个世界。她对自己说："张小萌，没有爱情又怎样，至少在你的世界里，你活得像个女王。"

有些东西确实无法用金钱买到，而能用金钱买到的东西，其价值也必定与价格相符，并且可以善加利用。金钱买不来爱情，可是能买来安全感。

一个人，要么要有很多很多的钱，要么要有很多很多的爱，如果两个都没有，那你就要学会爱你自己。

我们大部分人懵懵懂懂地来到这个陌生的社会，单枪匹马，一无所有，也许不能像张小萌一样用物质填补心灵的空虚，我们能做的就是学会自己好好地爱自己，在这万里冰封的大地上，用希望去浇灌十万朵爱的玫瑰。

而在这之前，请你好好对自己，因为后来你会发现，真正能疼爱你的，只有自己。

04

杨丽萍说："有些人的生命是为了传宗接代，有些是享受，有些是体验，有些是旁观。我是生命的旁观者，我来世上，就是看一棵树怎么生长，河水怎么流，白云怎么飘，甘露怎么凝结。"

我们或许不能像杨丽萍一样做生命的旁观者，不过倒是可以学一学这种享受生活的心态。

成长不是拼快慢，而是找到属于你的节奏感。每个人都说时间不留人，但到底是时间把我们狠心地丢在了身后，还是我们自以为是地走在了时间的前面？如果明知道生活的节奏不会慢下来，为什么还要固执地加快脚步？如果明知道这种毛躁会给自己带来不适，为什么还要匆匆向前？

幸福只是一种事后回忆，是一种情绪的总结。人在幸福中是很难察觉到幸福的。生活的节奏便是人们内心节奏，无论快慢都是人内心的诉求。

吃好每一顿饭，做好每一件事，不骄不躁，不慌不忙，即使有遗憾，但也不后悔。何必把自己搞得那么狼狈？明明没干多少正事，还天天忙得跟年薪百万似的。

我们的人生，无法交付给任何人，也不会被任何人夺走。强推给别人也好，忘记也好，消灭也好，践踏也好，一笑了之也好，将其美化也好，这都是我们无可比拟而仅有一次的人生。

我这仅有一次的生命，明明能够更好地享受这生命的馈赠，又何必将它浪费在一次又一次的"凑合"呢？不如想吃什么就去做，想要什么就去买，想爱什么就去爱，你又怕什么来不及？

在这荒凉偏僻的星系中，在我们这短短的一生中，在这仅有一次的生命中做你想做的事，成为你想成为的人，这才是最大的意义。

现在，即使再忙，我早上也会为自己煮一碗牛奶燕麦粥，想做的事情，即使再麻烦，我都会去做。因为，仅有一次的人生，我要好好对自己。